"十二五"职业教育国家规划教材
经全国职业教育教材审定委员会审定

机械装拆实训

JIXIE ZHUANGCHAI SHIXUN

主 编◎赵 博 刘桂霞 甄德江
副主编◎张中波 杨 斌 姚志浩
　　　　陈世民 刘 朝 龚 雯
主 审◎龚 雯

语文出版社
·北 京·

图书在版编目（CIP）数据

机械装拆实训 / 赵博, 刘桂霞, 甄德江主编. — 北京 : 语文出版社, 2014.10

ISBN 978-7-80241-982-7

Ⅰ.①机… Ⅱ.①赵… ②刘… ③甄… Ⅲ.①装配（机械）—教材 Ⅳ.①TH163

中国版本图书馆CIP数据核字(2014)第229964号

责任编辑	张　程	
封面设计	北京宣是国际文化传播有限公司	
出　　版	语文出版社	
地　　址	北京市东城区朝阳门内南小街 51 号 100010	
电子信箱	ywcbsywp@163.com	
排　　版	北京艺和天下文化传播有限公司	
印刷装订	北京市彩虹印刷有限责任公司	
发　　行	语文出版社　新华书店经销	
规　　格	787mm×1092mm	
开　　本	1 / 16	
印　　张	12.25	
字　　数	273千字	
版　　次	2015年8月第1版	
印　　次	2015年8月第1次印刷	
印　　数	1—5,000册	
定　　价	26.50 元	

☎ 010—65253954（咨询）010—65251033（购书）010—65250075（印装质量）

数控技术应用专业
"十二五"职业教育国家规划教材编写委员会

前言

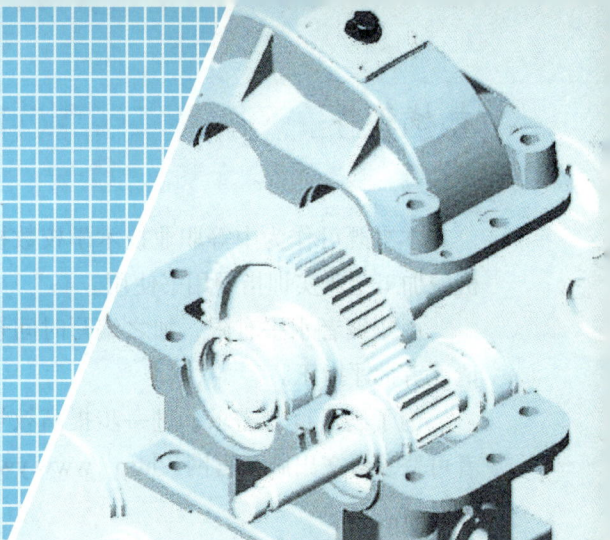

随着技能型紧缺人才培养培训工程的实施，各职业院校越来越重视对学生动手能力的培养。机械装拆技术作为职业院校机械制造、数控技术应用、模具设计与制造、汽车制造与维修等机械类专业学生的一项必要的职业技能要求，对提高学生实际动手能力、奠定学生职业技能基础以及实现职业院校人才培养目标起着至关重要的作用。为此，我们组织了多位具有企业工作经验，同时又多年从事本专业教学工作的"双师型"教师共同编写了本实训教材。

本书根据教育部最新颁布的职业学校专业教学标准进行编写，参考职业院校机械类专业人才培养目标要求，从理实一体化的角度出发，以任务为导向，结合项目教学的方式进行编写，构建以能力培养为目标、以工作过程为导向的综合实训体系。在编写的过程中，采取任务导向的教学方法，工作任务直接源于生产实际，做到了理论知识、实践经验及工作任务的有机结合，充分体现了职业教育特色。

全书共分为八个项目，包括机械装拆常用工量具的认识和使用、常用连接装拆、装配工艺基础、减速器的装拆、电机的装拆、液压元件的装拆、车床的装拆、汽车发动机的装拆八个项目，涉及机电类各技术工种的机械装拆项目。每个项目由一至多个任务构成，任务安排遵循学生认知规律及职业成长规律，按照由简单到复杂、由单一到综合的形式，以能力递进方式排序，在提高学生理论知识与技能水平的同时，更强调学生自身的学习能力、分析解决问题能力以及创新意识，对学生综合职业能力的提高起到积极作用。

本书由赵博、刘桂霞、甄德江担任主编，张中波、杨斌、姚志浩、陈世民、刘朝、龚雯担任副主编，同时由龚雯对本书进行了审稿。

本书在编写的过程中得到了兄弟院校和相关企业专家的大力帮助，同时也参考了大量资料，在此表示诚挚的谢意！

本书既可作为中等职业技术学校数控技术应用专业教学用书，也可作为高等院校机械加工专业实训指导用书使用。

由于编者水平有限，加之编写时间仓促，书中内容难免存在不足和疏忽之处，敬请读者批评指正。

为了满足读者需求，进一步提高教学服务水平，本书配有相关电子教学资源，读者可登录语文出版社官网：http //www.ywcbs.com / 下载。

编　者

2014 年 10 月

目 录

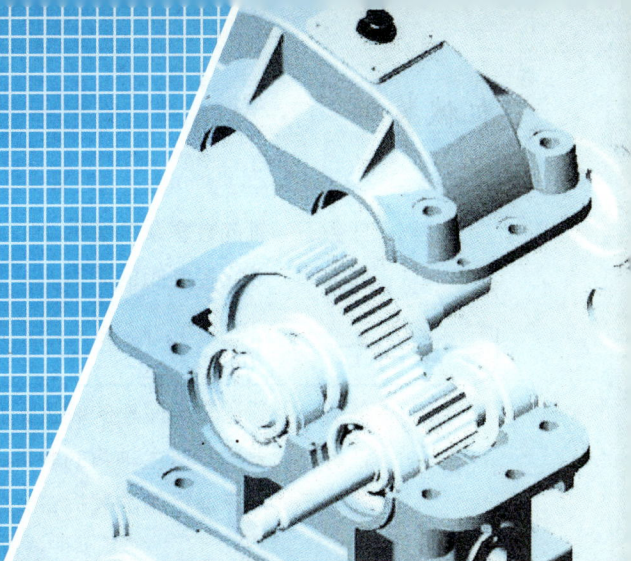

项目一

机械装拆常用工量具的认识和使用

学习目标

知识目标：

1. 认识常用工量具的名称、分类。

2. 了解各类工量具的结构。

3. 了解常见机械连接方式，从而正确选取工、量具。

4. 了解常用工、量具使用的场合。

技能目标：

1. 掌握常用装拆工具的使用方法。

2. 能够正确使用量具进行读数测量。

3. 能够正确选取工量具。

4. 树立安全操作意识。

项目导入

机械产品装拆过程中，正确选取和使用工、量具，对保证工作质量、提高工作效率、减轻劳动强度以及避免零部件受损等，具有十分重要的意义。

装拆、工量具的认识和使用，是整个机械装拆工作的基础。本项目着重介绍机械装拆常用工、量具的结构特点、适用范围和使用方法等。

同时，对于较精密的工量具，也需要做到经常检验、定期修正、妥善维护，使之经常处于良好状态，以充分发挥其作用。

任务一
常用装拆工具

工作任务	认识常用装拆工具
任务描述	机器是由许多零部件组成的，这些零部件在维护、保养、修理时，都需要进行拆卸、安装。根据零件精度、装配工序和技术要求的不同，所采用的装拆工具也不尽相同。 　　本任务着重介绍机械装拆实训中所使用的手锤、旋具、板手、手钳、锉刀、锯条等常用工具及其应用，使学生掌握其正确使用方法和注意事项
使用工具	手锤、旋具、板手、手钳、锉刀、锯条等常用装拆工具及常见连接零部件
学习目标	技能点： 能够使用常用的装拆工具。 知识点： 1.了解装拆工具分类及特点； 2.掌握装拆工具使用方法及其注意事项

　　常见螺纹联接拆装的主要工具是扳手和螺丝刀。根据使用场合和部位的不同，可选用各种不同类别的工具。常用的拆装工具如表1-1所示。

表1-1　常用装拆工具

序号	名　　称	主要用途	图　　例
1	手锤	手锤是用来敲击的工具，有金属手锤和非金属手锤两种。常用的金属锤有钢锤和铜锤两种，常用的非金属锤有塑胶锤、橡胶锤、木锤等。手锤的规格以锤头的质量来表示的，如0.5磅、1磅等	
2	螺丝刀	螺丝刀的主要作用是旋紧或松退螺钉。常见的螺丝刀有一字形、十字形和弯形螺丝刀等	
3	扳手	扳手主要用来旋紧或松退螺栓或螺母。常见的扳手有固定扳手、梅花扳手、活动扳手、套筒扳手、管扳手、内六角扳手、钳形扳手、指针式扭力扳手等	

续表

序号	名称	主要用途	图例
4	手钳	手钳主要用来夹持材料或工件。常见的手钳有夹持用手钳、夹持剪断用手钳、卡环手钳等	
5	锉刀	锉刀主要用来锉削工件表面	
6	锯条	锯条主要用来锯削工件	

一、手锤

手锤由锤头和木柄组成，如图1-1所示。手锤的握法分紧握法和松握法两种。如图1-2（a）所示，紧握法用右手五指紧握锤柄，大拇指合在食指上，虎口对准锤头方向（木柄椭圆的长轴方向），木柄尾端露出约15~30 mm，在挥锤和锤击过程中，五指始终紧握。如图1-2（b）所示，松握法只用大拇指和食指始终握紧锤柄，在挥锤时，小指、无名指、中指则依次放松；在锤击时，又以相反的次序收拢握紧。这种握法的优点是手不易疲劳，且锤击力大。挥锤要求命中率高，锤击有力，一般挥锤频率为40次/分钟。

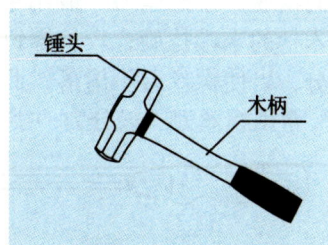

图1-1　手锤的组成

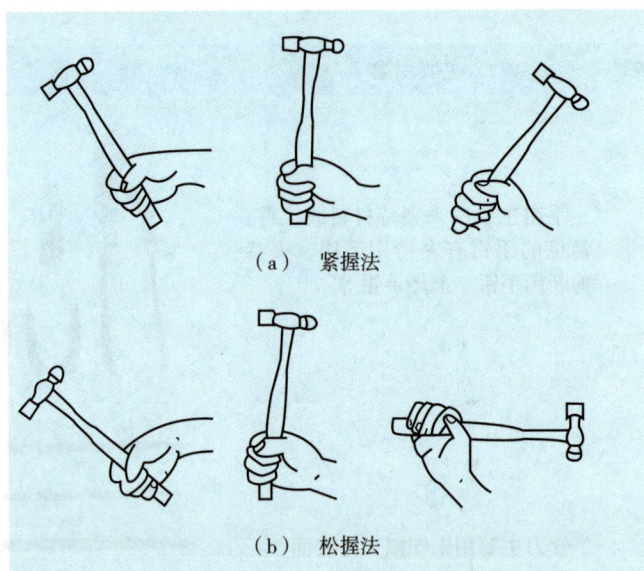

（a） 紧握法

（b） 松握法

图1-2　手锤的操作方法

小 贴 士

手锤使用注意事项：

（1）精制工件表面或硬化处理后的工件表面，应使用软面锤，以免损伤工件表面。

（2）手锤使用前应仔细检查锤头与锤柄是否紧密连接，以免使用时锤头与锤柄脱离，造成意外事故。

（3）手锤锤头边缘若有毛边，应先磨除，以免破裂时造成伤害。使用手锤时应配合工作性质，合理选择手锤的材质、规格和形状。

二、螺丝刀

螺丝刀（又称改锥）一般用碳素工具钢制造，头部淬火。它的规格是指除把手以外的长度。使用时，用大拇指、食指和中指夹住握柄，手掌顶住柄的末端，防止螺丝刀转动时滑脱。小螺丝刀一般用来紧固电气装置接线桩头上的小螺钉，使用时可用手指顶住木柄的末端捻旋；较长螺钉旋具可用右手压紧并转动手柄，左手握住螺钉旋具中间部分，以使螺丝刀不滑落，此时左手不得放在螺钉的周围，以免螺丝刀滑出时将手划伤。常用螺丝刀一般分为一字型、十字型、弯型，如图1-3所示。

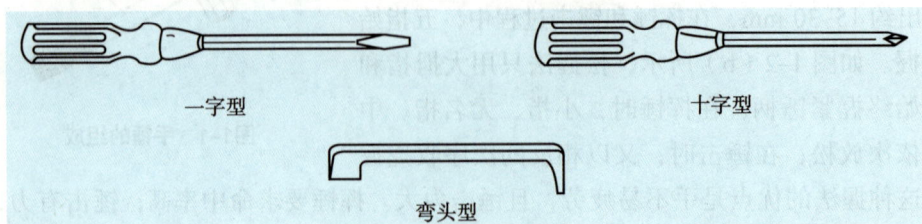

一字型　　　十字型

弯头型

图1-3　螺钉旋具的种类

小 贴 士

螺钉旋具使用注意事项：

（1）根据不同螺钉选用不同的螺钉旋具。旋具头部厚度应与螺钉尾部槽形相配合，旋具刀口应直对螺钉槽，头部不应该有倒角，否则容易打滑。

（2）使用旋具时，需将旋具头部放至螺钉槽口中，并用力推压螺钉，平稳旋转旋具，特别要注意用力均匀，不要在槽口中蹭，以免磨毛槽口。

（3）使用螺钉旋具紧固和拆卸带电的螺钉时，手不得触及旋具的金属杆，以免发生触电事故。

（4）不要将旋具当做錾子、杠杆、画线工具使用，以免损坏。

（5）为了避免螺钉旋具的金属杆触及皮肤或触及邻近带电体，可在金属杆上套绝缘管。

（6）旋具在使用时应该使头部顶牢螺钉槽口，防止打滑而损坏槽口。同时注意，不用小旋具去拧旋大螺钉。否则，一是不容易旋紧；二是螺钉尾槽容易拧豁；三是旋具头部易受损。反之，如果用大旋具拧旋小螺钉，也容易造成因为力矩过大而导致小螺钉滑丝现象。

三、扳手

扳手一般用 45 号钢或可锻铸铁制成。扳手钳口处的硬度一般在 HRC38～45 之间。常用扳手一般有：

1. 固定扳手

固定板手，又称呆扳手，如图 1-4 所示，有单头和双头两种，主要用来旋紧或松退固定尺寸的螺栓或螺母，其规格是以钳口开口的宽度标识的。使用时，扳手开口的尺寸一定要符合螺母尺寸，否则会损坏螺母。

2. 梅花扳手

梅花扳手（见图 1-5）的内孔为 12 边形，规格由内孔尺寸大小确定。使用时只要转动 30°，就能调换方向，方便在操作空间狭窄的地方使用。

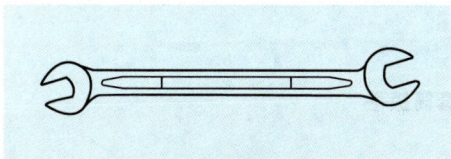

图1-4　固定板手

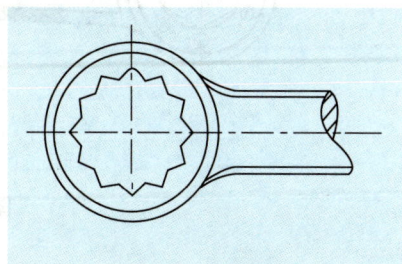

图1-5　梅花扳手

3.活动扳手

活动板手（见图 1-6）用来拧紧或松开六角形、方形螺钉及各种螺母。钳口的尺寸在一定的范围内可自由调整，可根据需要调节。活动扳手的规格是以扳手全长尺寸标识的，常见的有 100 mm、150 mm、200 mm、300 mm、350 mm、400 mm、450 mm 等几种规格。活动扳手使用时应让固定钳口受主要作用力，否则易损坏扳手，如图 1-6（b）所示。

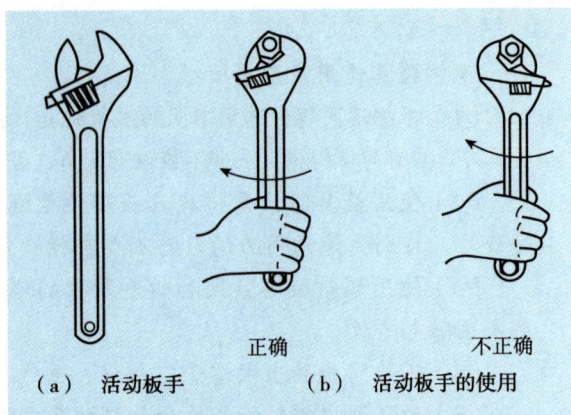

（a）活动板手　　　　　（b）活动板手的使用

图1-6　活动扳手及其使用

4. 套筒扳手

套筒扳手由一套尺寸不等的梅花套筒及扳手柄组成，如图 1-7（a）所示。

在成套套筒扳手中，使用弓形手柄（见图 1-7（b）），可连续转动手柄，加快扳转速度；使用棘轮扳手（见图 1-7（c）），在正转手柄时，可使螺母被扳紧，而在反转手柄时，由于棘轮在斜面的作用下，从套筒的缺口内退出打滑，因而不会使螺母跟随转动。旋松螺母时，只要将扳手翻转使用即可。

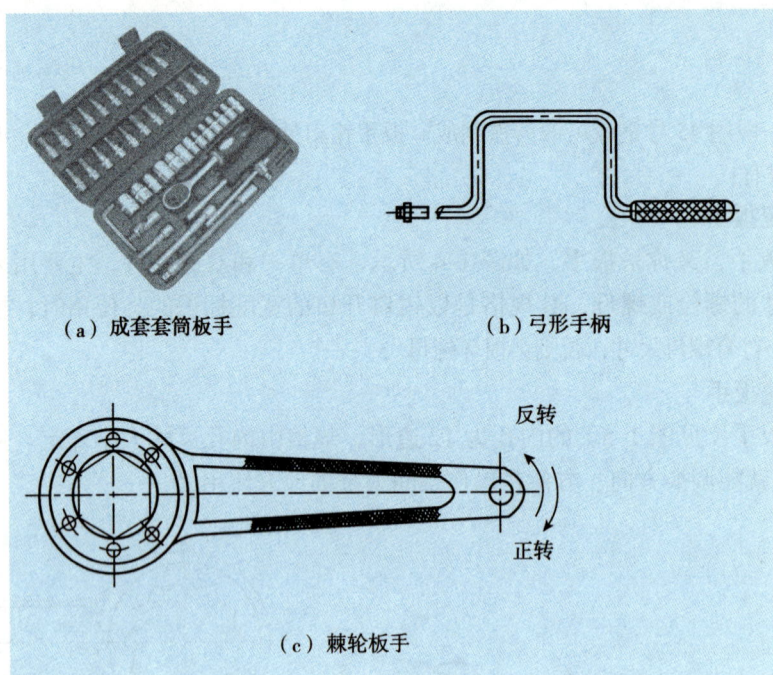

（a）成套套筒板手　　　　　（b）弓形手柄

反转

正转

（c）棘轮板手

图1-7　套筒扳手

5. 管扳手

管扳手（见图 1-8）的钳口为条状齿，常用于旋紧或松退圆管、磨损的螺帽或螺栓。管扳手的规格是以扳手全长尺寸标识的。

6. 内六角扳手

内六角扳手（见图1-9）用于旋紧内六角螺钉，由一套不同规格的扳手组成。使用时根据螺纹规格选取相应的内六角扳手。

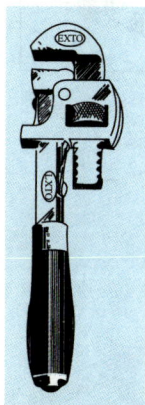

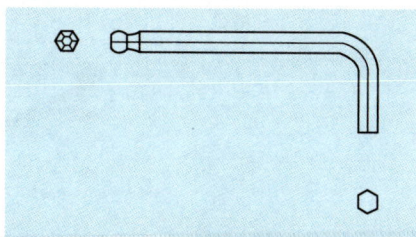

图1-8 管扳手　　　　　图1-9 内六角扳手

7. 钳形扳手

钳形扳手（见图1-10）主要用于拆卸圆螺母，形式多样，按需选取。

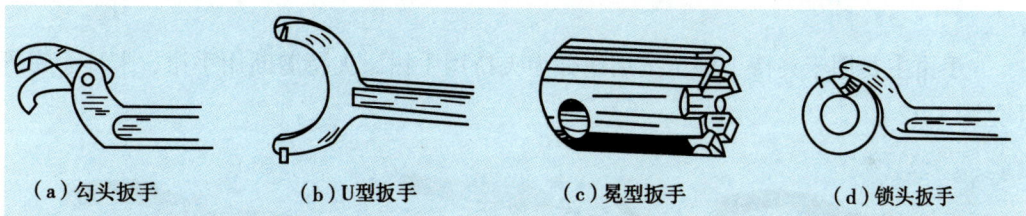

（a）勾头扳手　　　（b）U型扳手　　　（c）冕型扳手　　　（d）锁头扳手

图1-10 钳形扳手的种类

8. 指针式扭力扳手

对于重要的螺纹连接，必须保证严格的拧紧力矩，因此必须选用专门的装配工具，可采用指针式扭力扳手，如图1-11所示。指针式扭力扳手有一个较长的弹性扳手杆，一端装有手柄，另一端装有方头圆柱，方头上带有钢珠，用于套装梅花套筒。圆柱头上装有长指针，刻度板固定在柄座上。扳动手柄时，扳手杆和刻度板一起向旋转方向弯曲，此时指针在指向刻度板上的数值即为拧紧力矩的大小。

小贴士

扳手使用注意事项：

（1）根据工作性质选用适当的扳手，尽量使用固定扳手，少用活动扳手。

（2）选用固定扳手时，钳口宽度应与螺母宽度相当，以免损伤螺母。

（3）各种扳手的钳口宽度与钳柄长度有一定的比例，故不可加套管或用不正当的方法延长钳柄的长度，以增加使用时的扭力。

（4）使用活动扳手时，应向活动钳口方向旋转，使固定钳口受主要作用力。

（5）扳手钳口若有损伤，应及时更换，以保证安全。

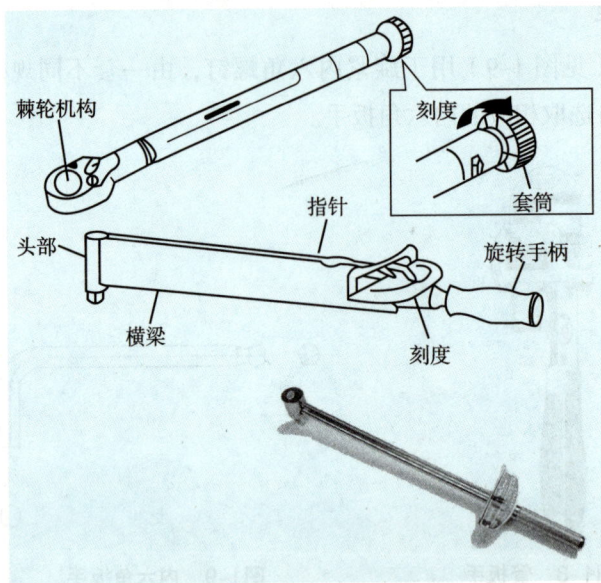

图1-11　指针式扭力扳手

四、手钳

手钳主要用于夹持工件，按用途分为夹持用手钳、夹持剪断用手钳、卡环手钳等（见图1-12）。

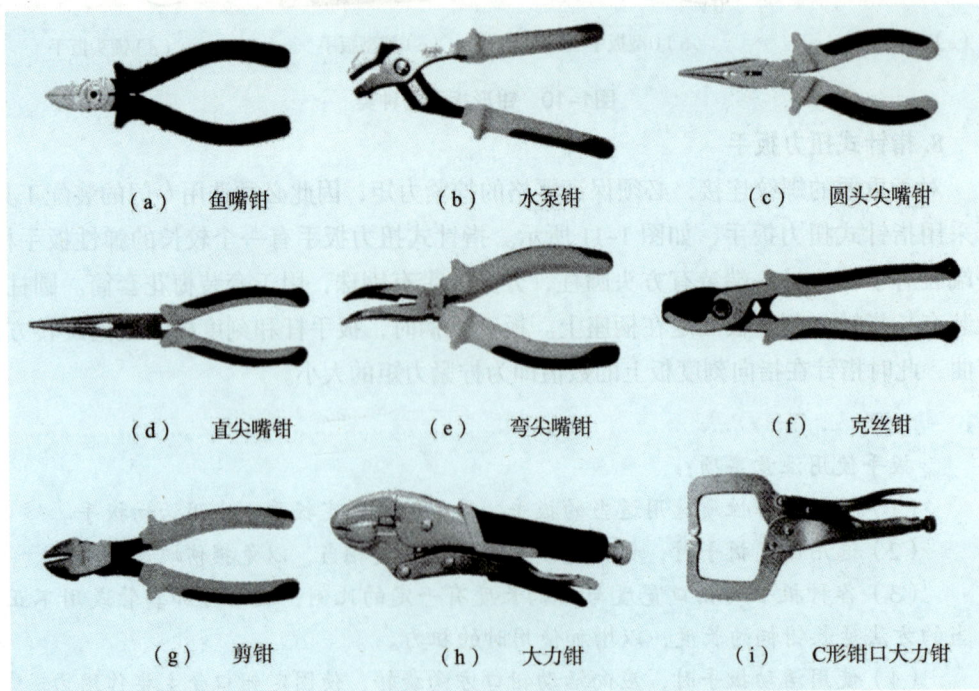

（a）　鱼嘴钳　　　　　（b）　水泵钳　　　　　（c）　圆头尖嘴钳

（d）　直尖嘴钳　　　　（e）　弯尖嘴钳　　　　（f）　克丝钳

（g）　剪钳　　　　　　（h）　大力钳　　　　　（i）　C形钳口大力钳

图1-12　手钳的种类

手钳使用注意事项：

（1）手钳主要是用来夹持或弯曲工件的，不可当手锤或起子使用。

（2）侧剪钳、斜口钳只可剪细的金属线或薄的金属板。

（3）应根据工作性质合理选用手钳。

五、锉刀

锉刀（见图1-13）一般采用T12碳素钢，经轧制、锻造、退火、磨削、剁齿、淬火等工序加工而成，硬度一般达到HRC62～64。

按断面形状分有扁锉（平锉）、方锉、圆锉、三角锉等。平锉用来锉平面、外圆面和凸弧面；方锉用来锉方孔、长方孔和窄平面；三角锉用来锉内角、三角孔和平面；圆锉用来锉圆孔、半径较小的凹弧面和椭圆面。

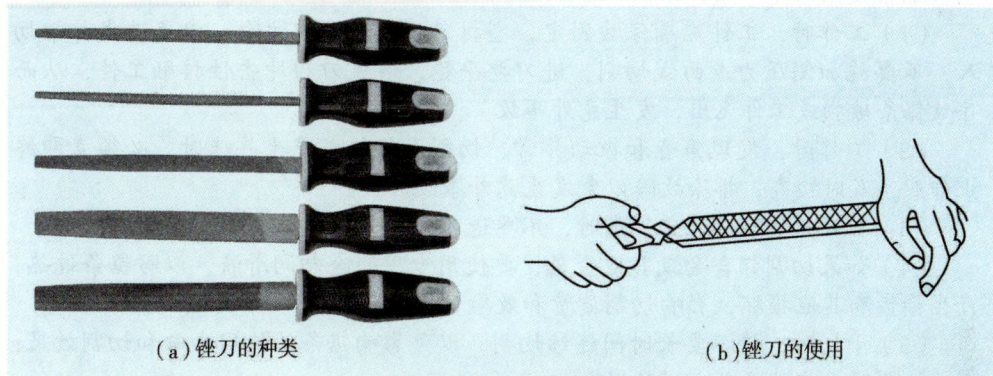

（a）锉刀的种类　　　　　　　　　　　（b）锉刀的使用

图1-13　锉刀的种类及使用方法

锉刀使用注意事项：

（1）不准用锉刀挫淬火材料；不准用新锉刀挫硬金属。

（2）新锉刀先使用一面，当该面磨钝后，再用另一面。

（3）锉削时，要经常用钢丝刷清除锉齿上的切屑，使用锉刀时不宜速度过快，否则容易过早磨损。

（4）锉刀要避免沾水、沾油或其他脏物。

（5）锉刀不可重叠或者和其他工具堆放在一起。

六、锯条

锯条（见图1-14）是开有齿刃的钢片条，齿刃是锯的主要部分。常用锯条长度为300 mm，厚度为0.6 mm，用碳素工具钢或合金钢制造。按25 mm内所含齿数可分为粗齿（14～18齿）、中齿（20～22齿）、细齿（24～32齿）。

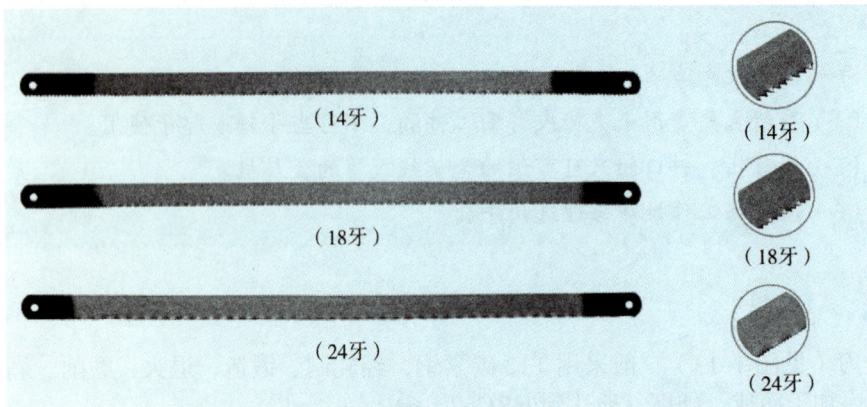

（14牙）

（18牙）

（24牙）

（14牙）

（18牙）

（24牙）

图1-14 锯条

小 贴 士

锯条使用注意事项：

（1）工作时，工件应确保被固定，型材定位符合吃刀方向，以免造成异常切入，不要施加侧压力或曲线切割，进刀要平稳，避免刀刃冲击性接触工件，从而导致锯条破损或工件飞出，发生意外事故。

（2）工作时，发现声音和振动异常、切割面粗糙或产生异味时，必须立即终止作业，及时检查，排除故障以免发生意外事故。

（3）在开始切削及停止切削时，不要进刀太快，避免造成断齿及破损。

（4）如果切割铝合金或其他金属，要使用专用的冷却润滑液，以防锯条过热，产生糊齿和其他损坏，影响切割质量和效率。

（5）干切时，请不要长时间连续切割，以免影响锯条的使用寿命和切割效果；湿片切割时，应注意加水谨防漏电。

任务评价（100分）

序号	项目描述	评分标准	分值	成绩
1	正确选取、操作各种装拆工具	1.工具选取不正确，每件扣5分； 2.工具使用不当，每件扣5分	40	
2	能够正确描述各类装拆工具使用特点、适用场合、注意事项等	不能正确表述工具使用特点、适用场合、注意事项，每项扣2分	20	
3	保养维护	1.工具维护方法不当，每件扣2分； 2.工具未能妥善存放，每件扣2分	20	
4	安全文明生产	1.每违反一次《安全操作规程》扣2分； 2.环境卫生差，扣2分； 3.造成零部件或工具损坏，每件扣2分； 4.发生安全事故取消考试资格	20	
总评		总分		
		签字：	年 月 日	

任务二
常用测量器具的维护

工作任务	认识常用测量器具
任务描述	量具是指在机制行业中测量零件的尺寸、角度、形状精度和相互位置精度等所用的工具，同时在机械装配、检修时也会常用到量具进行各零部件尺寸、间隙的测量。因此，正确和熟练掌握各种量具的使用是一名合格装配、检修工人的基本技能。 本任务着重介绍机械装拆实训中所使用的钢直尺、卡钳、游标卡尺、千分尺、百分表、万能量角器、塞尺、量块、90°角尺等常用量具及其应用，使学生掌握其正确使用方法和注意事项
使用工具	钢直尺、卡钳、游标卡尺、千分尺、百分表、万能量角器、塞尺、量块、90°角尺等常用测量工具及常见被测零部件
学习目标	技能点： 能够使用常用的测量器具。 知识点： 1.了解各测量工具分类及特点； 2.掌握各测量工具使用方法及其注意事项

装拆操作中常用的量具一般有直尺、卡钳、游标 卡尺、千分尺、百分表、万能量角器等（见表 1-2）。

表 1-2　常用量具

序号	名　称	主要用途	图　例
1	钢直尺	钢直尺是最简单的一种长度量具，用来测量零件的长度尺寸。按长度分类，有 150、300、500 和 1000 mm 四种规格	
2	卡钳	卡钳是用来测量内外径、平面与凹槽的最简单的比较量具。较常见的有内、外卡钳	

序号	名 称	主要用途	图 例
3	游标卡尺	游标卡尺是一种测量长度、内外径、深度的量具，由主尺和附在主尺上能滑动的游标两部分构成	
4	千分尺	千分尺是比游标卡尺更精密的测量长度的工具，用它测长度可以准确到 0.01 mm，常用来测量精度要求较高的工件	
5	百分表	百分表是一种精度比较高的长度测量工具，利用精密齿条齿轮机构进行测量，常用来测量形状和位置误差，也可用于机床上安装工件时的精密找正	
6	万能量角器	万能量角器又被称为角度规、游标角度尺和万能角度尺，是利用游标读数原理来直接测量工件角或进行画线的一种角度量具	
7	塞尺	塞尺又称厚薄规或间隙片，由一组具有不同厚度级差的薄钢片组成成套量规，每个钢片即一把塞尺。主要用于测量工件间隙尺寸	

续表

序号	名　称	主要用途	图　例
8	量块	量块是机械制造业中长度尺寸的标准，可用于精密测量及精密机床的调整，也可以对其他量具进行校正检验	
9	90° 角尺	90° 角尺是检验和画线工作中较常用的量具，一般有整体式、组合式和精密圆柱形等结构	

一、钢直尺

钢直尺又称钢板尺，是普通测量长度用量具，由不锈钢片制成，具有一定弹性。一般尺的方形一端为工作端边，另一端为圆弧形附悬挂孔（见图 1-15）。

图 1-15　钢直尺结构

使用钢直尺时，应以工作端边 0 刻度线为测量基准，这样不仅便于找正测量基准，而且便于读数。

钢直尺的最小刻线间距为 1 mm，而刻线本身的宽带就约占 0.1~0.2 mm，所以测量时读数误差比较大，只能读出毫米数，即其最小读数为 1 mm，小数点后只能估读。所以钢直尺一般只用于测量毛坯件等长度，而不做精确测量。

小 贴 士

钢直尺使用注意事项：

（1）测量时尺要放正，不得前后左右歪斜，否则读数会大于被测实际尺寸。

（2）用钢直尺测量圆柱截面直径时，被测表面应平整，使尺的工作断边与被测面边缘相切，摆动尺身找出最大尺寸即为所测数值。

二、卡钳

内外卡钳（见图1-16）是最简单的比较量具，具有结构简单，制造方便、价格低廉、维护和使用方便等特点，广泛应用于要求不高的零件尺寸的测量和检验，尤其是对锻铸件毛坯尺寸的测量和检验，卡钳是最合适的测量工具。外卡钳是用来测量外径和平面的，内卡钳是用来测量内径和凹槽的。它们本身都不能直接读出测量数值，而是把截取的长度，在其他的量具上进行读数，或先截取所需尺寸，再去检验零件的尺寸是否符合。

用内卡钳时，应使拇指和食指轻轻捏住卡钳的销轴两侧，将卡钳送入孔或槽内。用外卡钳时，右手的中指挑起卡钳，用拇指和食指撑住卡钳的销轴两边，使卡钳在自身的重量下两量爪滑过被测表面。卡钳与被测表面接触时手有轻微感觉即可，不宜过松，也不要用力卡紧。

卡钳经常与其他测量工具联合使用，如内卡钳与外径百分尺配合使用测量内径（见图1-17）。

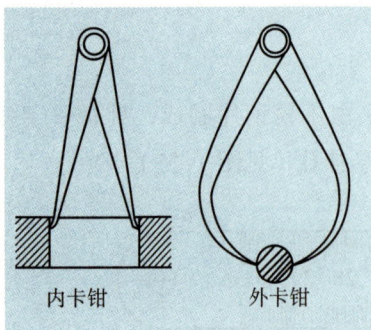

图1-16 内外卡钳

内卡钳　外卡钳

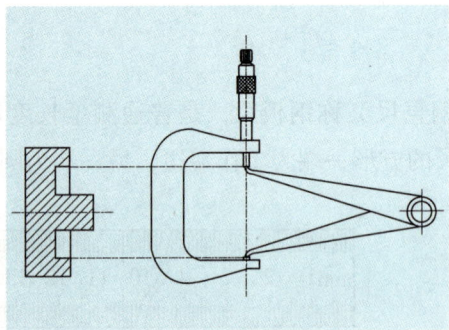

图1-17 内卡搭外径百分尺测量内径

小贴士

卡钳使用注意事项：

（1）使用大卡钳时，要用两只手操作，右手握住卡钳的销轴，左手扶住一只量爪进行测量。

（2）测量轴类零件的外径时，须使卡钳的两只量爪垂直于轴心线，即在被测件的径向平面内测量。

（3）测量孔径时，应使一只量爪与孔壁的一边接触，另一量爪在径向平面内左右摆动找最大值。

（4）校好尺寸后的卡钳轻拿轻放，防止尺寸变化。

（5）卡钳钳口形状对测量精确度影响较大，应注意经常修整钳口形状。调节卡钳开度时，应轻轻敲击卡钳脚两侧，不能直接敲击钳口，以免损坏。

三、游标卡尺

游标卡尺是一种测量长度、内外径、深度的中等精密度量具，由主尺和附在主尺上能滑动的游标两部分构成（见图1-18）。游标卡尺的主尺和游标上有两副活动量爪，分别是内测量爪和外测量爪。内测量爪通常用来测量内径，外测量爪通常用来测量长度和外径，深度尺与游标尺连在一起，可以测槽、孔的深度。

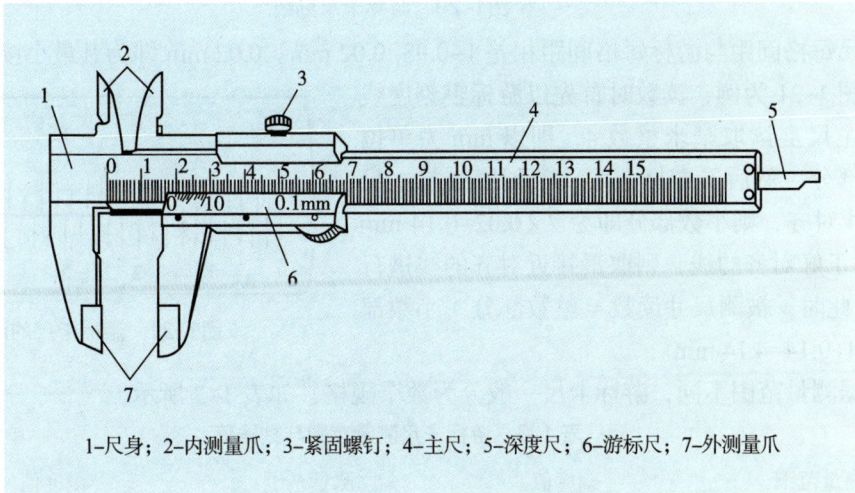

1—尺身；2—内测量爪；3—紧固螺钉；4—主尺；5—深度尺；6—游标尺；7—外测量爪

图1-18　游标卡尺结构

测量时，右手拿住尺身，大拇指移动游标，左手拿待测外径（或内径）的物体，使待测物位于外测量爪之间，当与量爪紧紧相贴时，即可读数（见图1-19）。

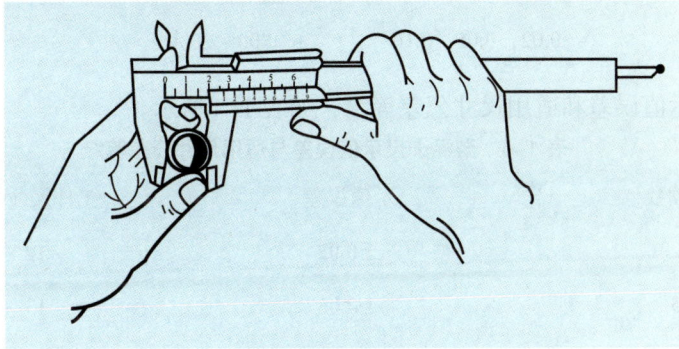

图1-19　游标卡尺的使用方法

游标卡尺的读数值是指主尺与游标每格宽度之差。按其测量精度分，游标卡尺有0.10 mm，0.05 mm，0.02 mm三种。目前机械加工中常用精度为0.02 mm的游标卡尺。下面以此为例，简述游标卡尺的刻线原理和读数方法（见图1-20）。

主尺每小格1 mm，当两爪合并时，游标上的50格刚好等于主尺上的49 mm，游标每格间距为49 mm÷50 =0.98 mm。

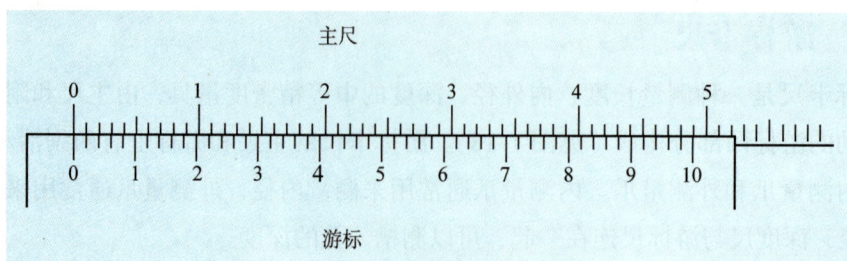

图1-20 游标卡尺刻线

主尺每格间距与游标每格间距相差 1-0.98=0.02 mm。0.02 mm 即为其最小读数值。

以图1-21为例，读数时首先以游标零刻度线为准在主尺上读取毫米整数4，即以 mm 为单位的整数部分，然后看游标上第7条刻度线与主尺的刻度线对齐，则小数部分即为 7×0.02=0.14 mm（若没有正好对齐的线，则取最接近对齐的线进行估读）。此时，被测尺寸读数 = 整数部分 + 小数部分，即 4+0.14=4.14 mm。

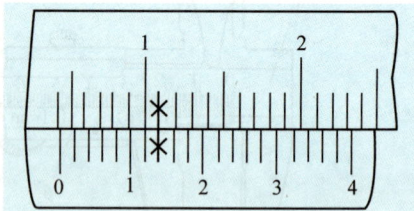

图1-21 游标卡尺的读数

根据测量范围不同，游标卡尺一般分为数个规格，如表1-3所示。

表1-3 游标卡尺测量范围与刻线值　　　　　　　单位：mm

测量范围	刻度值	测量范围	刻度值
0～50	0.05，0.10	300～800	0.05，0.10
0～125	0.02，0.05，0.10	400～1000	0.05，0.10
0～200	0.02，0.05，0.10	600～1500	0.10
0～300	0.02，0.05，0.10	800～2000	0.10

游标卡尺示值误差和适用尺寸公差等级，如表1-4所示。

表1-4 游标卡尺示值误差与适用尺寸公差等级　　　　　　　单位：mm

游标读数	示值误差	工件尺寸公差等级
0.02	±0.02	12～16
0.05	±0.05	13～16
0.10	±0.10	14～16

小贴士

游标卡尺使用注意事项：

（1）游标卡尺是比较精密的测量工具，要轻拿轻放，不得碰撞或跌落。使用时不要用来测量毛坯件，以免损坏量爪，避免与刃具放在一起，以免刃具划伤游标卡尺的表面。

（2）使用前卡尺应擦干净，校对游标卡尺的零位。观察游标的零刻线和尾刻线与尺身的对应线是否对准。

（3）测量外尺寸时，应先把量爪张开比被测尺寸稍大；测量内尺寸时，把量爪张开得比被测尺寸略小，然后慢慢推拉游标，使量爪轻轻接触被测件表面，不应过松或过紧，更不能有晃动现象。用紧固螺钉固定尺框时，卡尺的读数不应有所改变。

（4）使用过程中，不应过分施压，所用压力应使两个量爪刚好接触零件表面。如果测量压力过大，不但会使量爪弯曲或磨损，且量爪在压力作用下产生弹性变形，导致测量尺寸不准确。

（5）为保证测量精度，实际操作时，可以在零件同一截面上的不同方向多次测量，以取得较精确的测量结果。

四、千分尺

千分尺也称螺旋测微器，是一种精密量具，测量精度比游标卡尺高。按用途一般分为外径千分尺、内径千分尺、杠杆千分尺、深度千分尺、壁厚千分尺、公法线千分尺等。本书主要以外径千分尺为例介绍，图1-22为外径千分尺，它是由尺架、测微装置、测力装置和锁紧装置等组成。其规格是按测量范围来表示的，常用0~25 mm、25~50 mm、50~75 mm、75~100 mm、100~125 mm、125~150 mm 等，其分度值一般为0.01 mm。

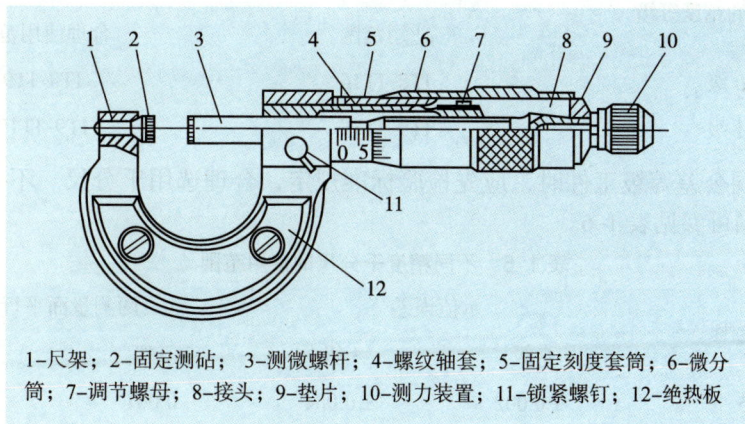

1-尺架；2-固定测砧；3-测微螺杆；4-螺纹轴套；5-固定刻度套筒；6-微分筒；7-调节螺母；8-接头；9-垫片；10-测力装置；11-锁紧螺钉；12-绝热板

图1-22 外径千分尺结构

千分尺是利用螺旋放大的原理制成的，即测微螺杆旋转一周，螺杆便沿着旋转轴线方向前进或后退一个螺距的距离。因此，沿轴线方向移动的微小距离，就能用圆周上的读数表示出来。千分尺精密螺纹的螺距是 0.5 mm，可动刻度有 50 个等分刻度，可动刻度旋转一周，测微螺杆可前进或后退 0.5 mm，因此旋转每个小分度，相当于测微螺杆前进或后退 0.5/50=0.01 mm。可见，可动刻度每一小分度表示 0.01 mm，所以可准确到 0.01 mm。由于它还能再估读一位，可读到毫米的千分位，故称为千分尺。

将被测物体放置于千分尺的两个测砧面之间，调整微分筒，使测微螺杆发生轴向移动，同时两测砧面快速接近，当测砧面即将接触被测表面时，调整测力装置，直至听到棘轮装置的咔咔声时停止，即可读数。

以图 1-23 为例，读数时首先以微分筒断面为基准，读出固定套管下刻度线的毫米整数 12，即以 mm 为单位的整数数值，然后以固定套管上的水平横线作为读数准线，读出微分筒可动刻度上的数值 24（格）×0.01 mm=0.24 mm，读数时应估读到最小刻度的十分之一，即 0.001 毫米。此时应注意，如果微分筒断面与测量下刻度线之间还有一条上刻度线，那么测量结果需加 0.5 mm。被测尺寸读数 = 整数部分 + 小数部分（+0.5 mm），即 12+0.24+0.5=12.740 mm。

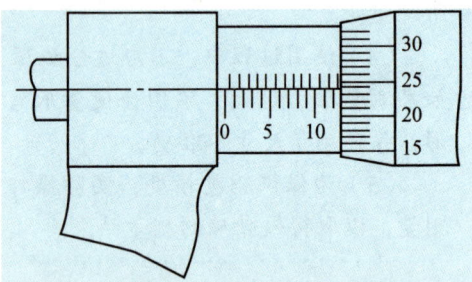

图 1-23 千分尺读数

千分尺是一种测量精度比较高的通用量具，按其制造精度，可分为 0 级和 1 级两种，0 级精度较高，1 级次之。千分尺的制造精度主要由其示值误差和测砧面的平行度公差及尺架受力时变形量的大小来决定。常见千分尺的精度等级与测量范围如表 1-5 所示。

表 1-5　千分尺精度等级与测量范围

千分尺的精度等级	被测件的公差等级	
	适用范围	合理使用范围
0 级	IT8~IT16	IT8~IT9
1 级	IT9~IT16	IT9~IT10

测量不同公差等级工件时，应先检验标准规定，合理选用千分尺。不同精度千分尺的使用范围可参见表 1-6。

表 1-6　不同精度千分尺的使用范围

测量范围	示值误差		两测量面平行度	
	0 级	1 级	0 级	1 级
0~25	± 0.002	± 0.004	0.001	0.002
25~50	± 0.002	± 0.004	0.0012	0.0025
50~75，75~100	± 0.002	± 0.004	0.0015	0.003
100~125，125~150		± 0.005		
150~175，175~200		± 0.006		
200~225，225~250		± 0.007		
250~275，275~300		± 0.007		

小 贴 士

千分尺使用注意事项：

（1）测量时，注意要在测微螺杆快靠近被测物体时应停止旋钮，而改用微调旋钮（测力装置），避免因产生过大的压力，使测砧面受损，同时又能使测量结果更加精确。

（2）在读数时，一定要注意固定刻度尺上刻度线，即表示半毫米的刻线是否已经露出。

（3）读数时，千分位有一位估读数字，不能随便扔掉，即使固定刻度的零点正好与可动刻度的某一刻度线对齐，千分位上也应读取为"0"。

（4）测量前应注意检查零点，以尽量减小误差。测量时注意把测微杆、砧面及工件被测量面擦干净，不要拧松后盖，以免造成零位线改变。使用完毕后擦净上油，放入专用盒内，置于干燥处妥善保管。

五、百分表

一般的指示表通常有百分表、千分表、杠杆百分表和内径百分表等，习惯上统称百分表。它主要用于校正零件的安装位置、检验零件的形状精度和相互位置精度，以及测量零件的内径等。下面我们以机械装拆中常用的百分表为例进行介绍。

百分表通常由测量头、测量杆、防震弹簧、齿条、齿轮、游丝、圆表盘及指针等组成（见图1-24）。

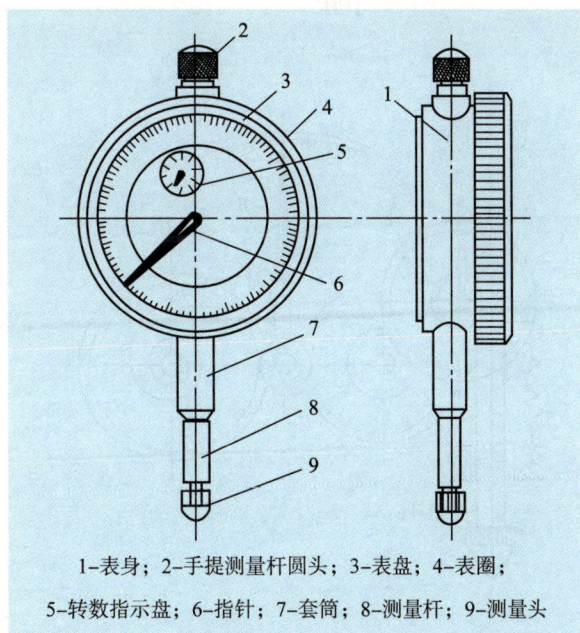

1-表身；2-手提测量杆圆头；3-表盘；4-表圈；
5-转数指示盘；6-指针；7-套筒；8-测量杆；9-测量头

图1-24　百分表

常用百分表的分度值为 0.01 mm，精度分 0 级、1 级和 2 级，测量范围一般分为 0~3 mm，0~5 mm 和 0~10 mm 三种。使用时，应根据零件形状、精度要求选用合适精度等级和测量范围的百分表（见表 1-7）。

表 1-7　百分表合理使用范围

百分表精度等级		被测工件精度等级									
		1	2	3	4	5	6	7	8	9	10
分度值 0.01mm	0 级	–	+	+	+	+	+	+	+	–	–
	1 级	–	+	+	+	+	+	+	+	+	+
	2 级	–	–	+	+	+	+	+	+	+	+

注："+"表示适用的测量范围；"–"表示不适用的测量范围。粗黑线框内表示合理的使用范围。

百分表的表盘上沿圆周刻有 100 条刻线，短针所在的转数指示盘刻有 10 条刻线。当测量杆上的测量头移动 0.01 mm 时，大表盘上的长针转过一条刻线；当测量头移动 1 mm 时，长针转动一圈，短针转过一条刻线。

测量时，测量杆齿条上下移动，通过齿轮将运动传递至指针 R（见图 1-25）。其传动过程为：测量杆齿条→Z_1→Z_2→Z_3→Z_4→Z_5→指针。测量杆上齿条齿距 P=1 mm，Z_1=15，Z_2=120，Z_3=40，Z_4=160，Z_5=32。当测量杆移动 1 mm 时，长针 R 的转数为

$$n = \frac{1}{1} \times \frac{1}{15} \times \frac{120}{40} \times \frac{160}{32} = 1 （圈）$$

大表盘上每格示值 a 为

$$a = \frac{1}{100} = 0.01 \text{ mm}$$

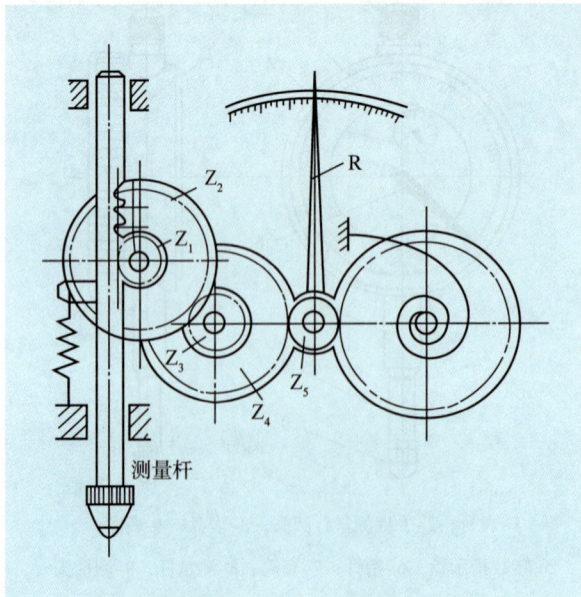

图1-25　百分表内部结构

百分表不能单独使用，必须固定在夹持架上（见图1-26）。常见的夹持架通常有磁性表架、万能表架、带平台的夹持架和带微动调节的夹持架等。夹持架要放置平稳，避免测量结果不准确或摔坏百分表。用夹持百分表的套筒来固定百分表时，夹紧力不要过大，以免因套筒变形而使测量杆活动不灵活。

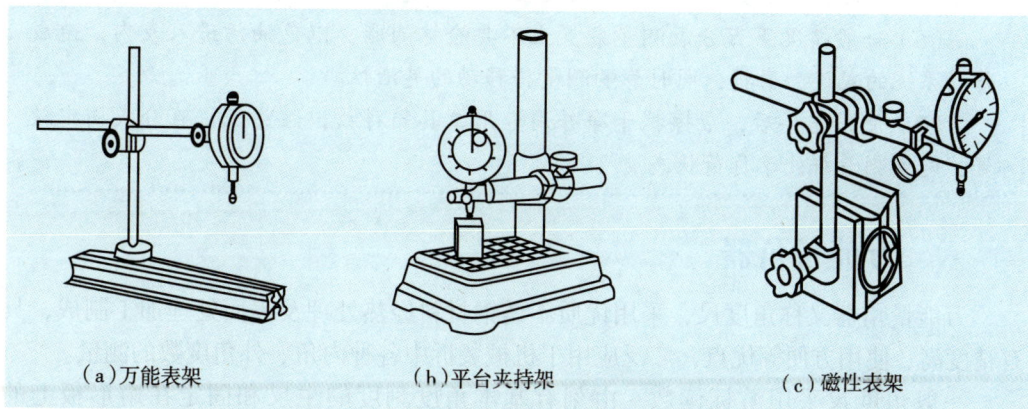

（a）万能表架　　　　　（h）平台夹持架　　　　　（c）磁性表架

图1-26　百分表的夹持架安装

使用百分表测量时要注意测量杆与被测工件表面必须垂直，否则易产生较大的测量误差（见图1-27），测量圆柱形工件时，测量杆轴线应与圆柱形工件直径方向一致。

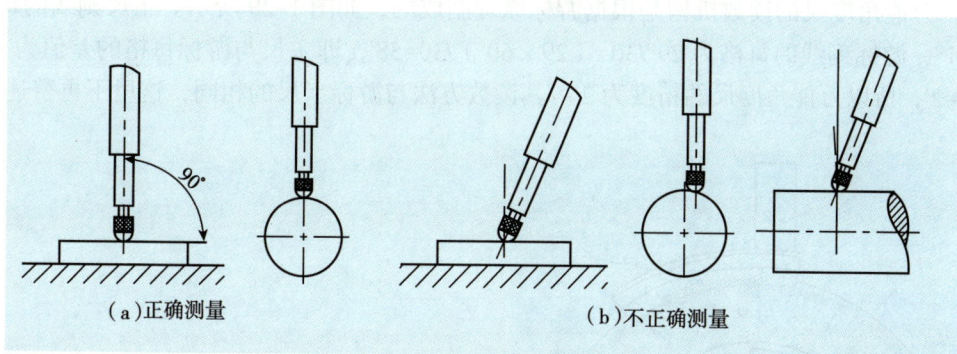

（a）正确测量　　　　　　　　　　（b）不正确测量

图1-27　测量误差

小贴士

百分表使用注意事项：

（1）使用前，应对百分表的示值稳定性进行检查，保证各活动部分灵活可靠，指针指示稳定。当测头与工件接触时，要多次提起测量杆，观察示值是否稳定。

（2）在测量时，应轻轻提起测量杆，把工件移至测量头下面，缓慢下降，使之与工件接触，不能把工件强行推入至测量头下，也不能快速下降测头，以免产生瞬时冲击力，给测量带来误差，损伤百分表机件。

（3）测量时注意百分表测量范围，避免测量杆移动距离过大而超出量程发生损坏。

（4）不使用百分表测量表面有显著凹凸不平的工件，以免测量杆受到歪扭力而受损。

（5）百分表是精密仪器，应避免受到剧烈震动和撞击，同时不要将百分表放置于磁场附近，否则会使机件磁化而失去应有精度。

（6）一般情况下百分表测量装置上不要涂抹油脂，以免油污进入表内，造成传动系统的粘连、磨损，同时影响测量杆移动的灵活性。

（7）使用完毕后，应擦拭干净并用专用工具箱存放，注意保证百分表固定放置，避免测量杆处于负荷状态。

六、万能量角器

万能量角器又称角度尺，采用优质不锈钢材料经热处理及表面处理加工制成，具有精度高、使用方便等优点，广泛应用于机械装拆中各种内角、外角度数的测量。

一般角度尺采用游标读数，由刻有基本角度刻度的主尺和固定在扇形板上的游标组成，扇形板可以沿主尺移动，角尺用卡块紧固在扇形板上，可移动的直尺也用卡块固定在角尺上，基尺与主尺连为一体，形成和游标卡尺相似的游标读数机构（见图1-28）。

万能角度尺的读数机构是根据游标原理制成的，如图1-29所示。主尺刻线的每格为1°，游标刻线的每格为29°/30=（29×60′）/30=58′，即主尺与游标每格的差值为1°-58′=2′，所以万能角度尺的精度为2′。其读数方法与游标卡尺的相同，这里不再赘述。

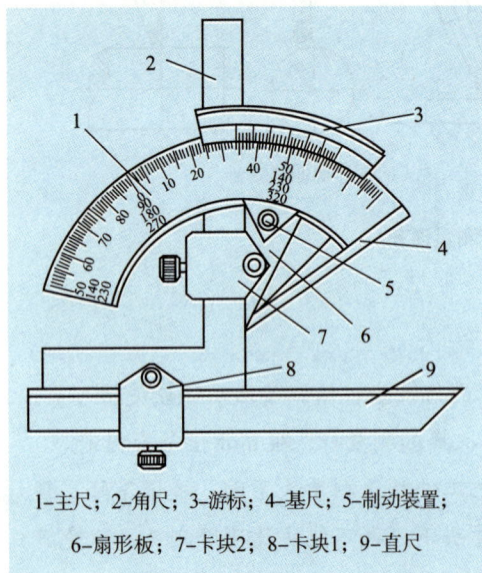

1-主尺；2-角尺；3-游标；4-基尺；5-制动装置；
6-扇形板；7-卡块2；8-卡块1；9-直尺

图1-28　万能角度尺结构

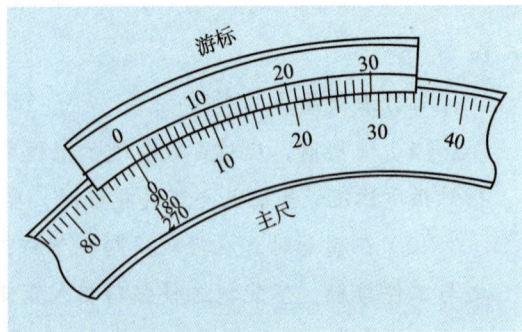

图1-29　角度尺主尺、游标

校对好零位后，通过调整基尺、角尺、直尺的相互位置，万能角度尺可以测量0~320°之间的任意角度（见图1-30）。此时注意，在主尺上的基本刻度只有0~90°，如果测量角度大于90°，则应在读数时相应的加上一个基数（90°，180°，270°）。例如，当测量角度在90°~180°（含180°）时，被测角度＝90°+角度尺读数；当测量角度在180°~270°（含270°）时，被测角度=180°+角度尺读数；当测量角度在270°~320°（含320°）时，被测角度=270°+角度尺读数。

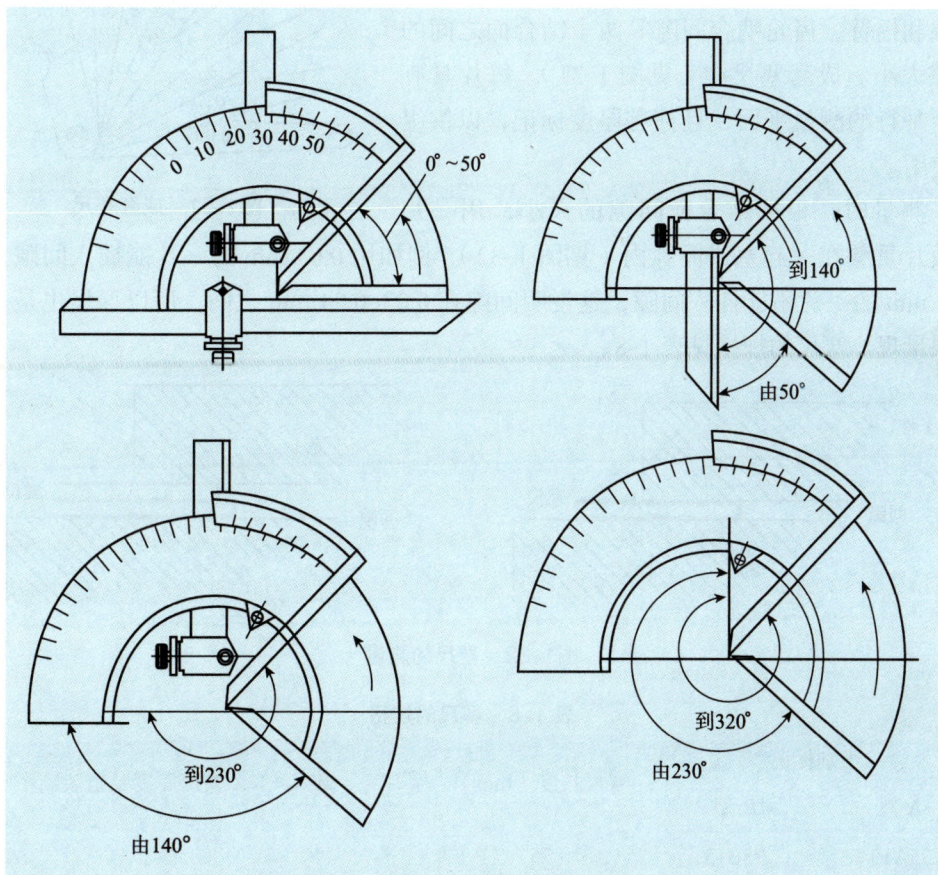

图1-30　万能角度尺测量范围

小贴士

万能角度尺使用注意事项：

（1）使用前，应检查各部件的相互作用是否移动平稳可靠，同时校准零位。角度尺的零位是角尺底边、基尺均与直尺无间隙接触时，主尺与游标的0刻线对齐。

（2）测量时，要保证角度尺测量工作面与被测工件表面保持接触良好，以免造成误差。

（3）注意在50°~140°范围内测量时不装角尺和直尺。

（4）使用完毕后应妥善保管。角度尺避免放置于强磁场附近，一般不使用有机溶剂擦拭刻度面，应使用干净纱布擦干后存放于专用工具箱内。

七、塞尺

塞尺一般由不锈钢制成，最薄的为 0.02 mm，最厚的为 3 mm，主要用来检验活塞与气缸、活塞环槽和活塞环、十字头滑板和导板、进排气阀顶端和摇臂、齿轮啮合间隙等两个结合面之间的间隙大小。成套塞尺中（见图 1-31），每片具有两个平行的测量平面，且都有厚度标记，以供组合使用。

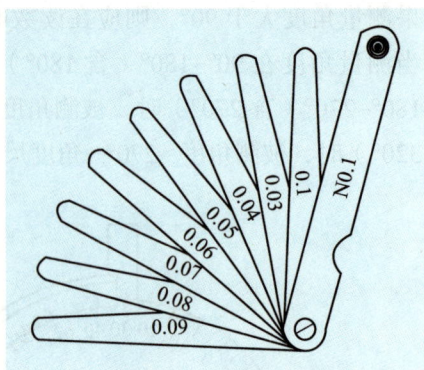

图1-31 成套塞尺

测量时，根据结合面间隙的大小，用一片或数片重叠在一起塞进间隙内（见图 1-32）。例如用 0.03 mm 的一片能插入间隙，而 0.04 mm 的一片不能插入间隙，这说明间隙在 0.03~0.04 mm 之间，所以塞尺也是一种界限量规。塞尺的规格见表 1-8。

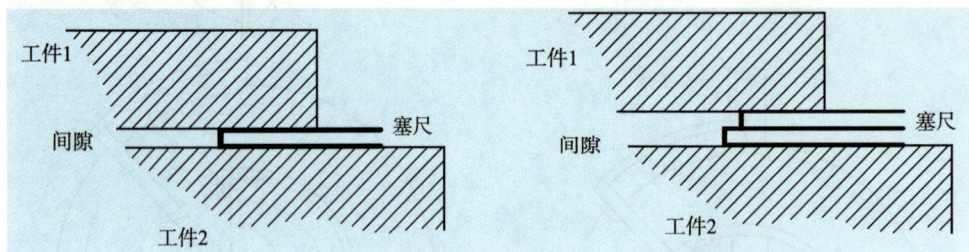

图1-32 塞尺的测量

表 1-8 塞尺的规格

组别标记		塞尺长度（mm）	片　数	塞尺厚度及组装顺序
A 型	B 型			
75A13 100A13 150A13 200A13 300A13	75B13 100B13 150B13 200B13 300B13	75 100 150 200 300	13	0.02, 0.02, 0.03, 0.03, 0.04, 0.04, 0.05, 0.05, 0.06, 0.07, 0.08, 0.09, 0.10
75A14 100A14 150A14 200A14 300A14	75B14 100B14 150B14 200B14 300B14	75 100 150 200 300	14	1.00, 0.05, 0.06, 0.07, 0.08, 0.09, 0.19, 0.15, 0.20, 0.25, 0.30, 0.40, 0.50, 0.75
75A17 100A17 150A17 200A17 300A17	75B17 100B17 150B17 200B17 300B17	75 100 150 200 300	17	0.50, 0.02, 0.03, 0.04, 0.05, 0.06, 0.07, 0.08, 0.09, 0.10, 0.15, 0.20, 0.25, 0.30, 0.35, 0.40, 0.45

小 贴 士

塞尺使用注意事项：

（1）测量前应擦拭干净，保证尺身表面无油污、金属屑等异物，否则将影响测量精度。

（2）使用时可以根据工件间隙大小情况灵活搭配，但使用的片数越少误差越小。

（3）测量时不能用力过大，禁止在测量过程中剧烈弯折，同时不可测量高温工件，避免损坏塞尺以及测量面、零件表面的精度。

（4）使用后应擦拭干净并妥善存放，避免重压导致尺身弯曲。

八、量块

量块又称块规，是机器制造业中控制尺寸的最基本的量具，将标准长度到零件之间进行尺寸传递，是技术测量上长度计量的基准，因此量块一般不直接用于测量被测量物体。量块一般是由温差变化膨胀系数较小的金属，经过多种工序精磨而制成，一般为矩形，具有高硬度、高耐磨的特点，稳定可靠，使用方便。

量块有上、下两个测量面和其他方向四个非测量面。两个测量面是经过精密研磨和抛光加工的平行平面，基本尺寸为 0.5~10 mm 的量块，其截面尺寸为 30 mm × 9 mm。基本尺寸为 10 ~ 1000 mm 的量块，其截面尺寸为 35 mm × 9 mm。

量块两测面不是绝对平行的，因此其工作尺寸是指中心长度（见图 1-33），即量块的一个测量面的中心至另一个测量面中心（其表面质量与量块一致）的垂直距离。在每块量块上，都标记着它的工作中心尺寸，当量块尺寸等于或大于 6 mm 时，工作标记在非工作面上；当量块在 6 mm 以下时，工作尺寸直接标记在测量面上（见图 1-34）。

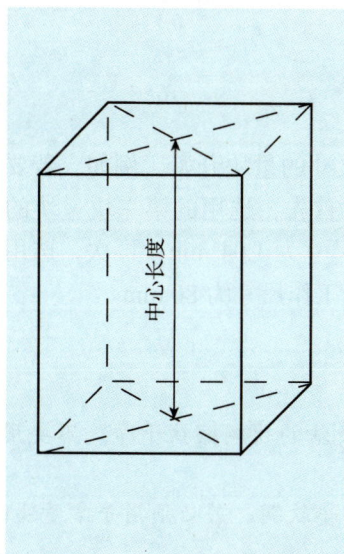

图1-33　量块中心长度

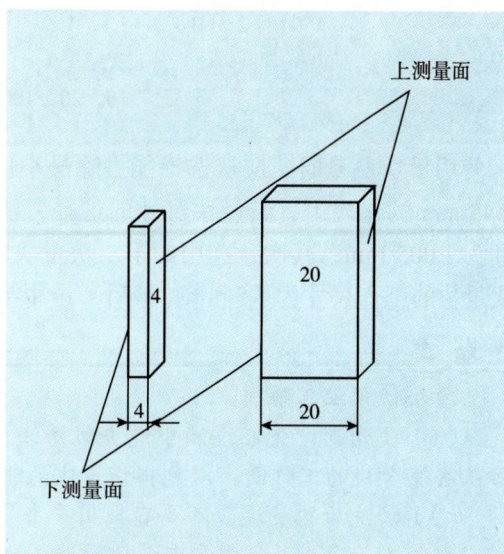

图1-34　量块及标记

量块是成套供应的，每套装成一盒。每盒中有各种不同尺寸的量块，其尺寸编组有一定的规定。常用成套量块的块数和每块量块的尺寸（见表1-9）。

表1-9　常用成套量块规格

套别	总块数	精度级别	尺寸系列（mm）	间隔（mm）	块数
1	91	00、0、1	0.5, 1	–	2
			1.001, 1.002…1.009	0.001	9
			1.01, 1.02…1.49	0.01	49
			1.5, 1.6…1.9	0.1	5
			2.0, 2.5…9.5	0.5	16
			10, 20…100	10	10
2	83	00、0、1、2、(3)	0.5, 1, 1.005	–	3
			1.01, 1.02…1.49	0.01	49
			1.5, 1.6…1.9	0.1	5
			2.0, 2.5…9.5	0.5	16
			10, 20…100	10	10
3	46	0、1、2	1	–	1
			1.001, 1.002…1.009	0.001	9
			1.01, 1.02…1.09	0.01	9
			1.1, 1.2…1.9	0.1	9
			2, 3…9	1	8
			10, 20…100	10	10
4	38	0、1、2、(3)	1, 1.005	–	2
			1.01, 1.02…1.09	0.01	9
			1.1, 1.2…1.9	0.1	9
			2, 3…9	1	8
			10, 20…100	10	10

使用量块测量时，应从选择能去除最小位数的尺寸的量块开始。例如，若要组成87.545 mm的量块组，其量块尺寸的选择方法如下：首先，选用的第一块量块的工作尺寸为1.005 mm；其次，选用的第二块量块的工作尺寸为1.04 mm；再次，选用的第三块量块的工作尺寸为5.5 mm；最后，选用第四块的工作尺寸为80 mm。

小贴士

量块使用注意事项：

（1）使用前，先在汽油中洗去防锈油，再用清洁的软绸擦拭干净。不要用棉纱头去擦量块的工作面，以免损伤量块的测量面。

（2）清洗后的量块，不要直接用手去拿，应当垫软绸。若必须用手拿量块时，应当把手洗干净，并且要拿在量块的非工作面上。

（3）把量块放在工作台上时，应使量块的非工作面与台面接触。

（4）不要使量块之间的工作面与非工作面接触，以免擦伤测量面。

（5）量块使用后，应及时在汽油中清洗干净，用软绸揩干后，涂上防锈油，放在专用的盒子里。若经常需要使用，洗净后可不涂防锈油，放在干燥缸内保存。避免将量块长时间的黏合在一起，以免由于金属黏结而引起不必要的损伤。

九、90°角尺

90°角尺由尺座和尺苗构成（见图1-35），尺苗的左、右面和尺座的上、下面都是工作面。尺苗的左面和尺座的下面互相构成90°外角；尺苗的右面和尺座的上面互相构成90°内角。它主要用于平行线、垂直线的画线以及检测工件相邻表面的垂直度等，具有精度高、稳定性好、便于维修等特点。

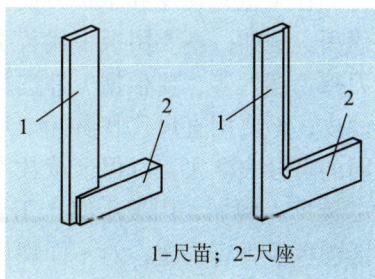

1-尺苗；2-尺座

图1-35　90°角尺

90°角尺按精度等级分为：00级、0级圆柱角尺，用于检验精密量具；0级、1级铸铁角尺，用于检验精密工件；1级、2级宽座角尺，用于检验一般工件。

使用时，通过观察尺苗与工件间隙大小（可目测或配合塞尺使用）判断两相邻表面的垂直误差，如图1-36所示。使用过程中应注意角尺的安放位置，如图1-37所示为错误的使用方法。

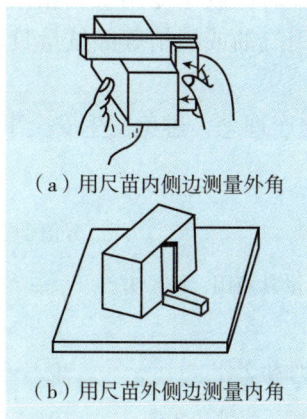

（a）用尺苗内侧边测量外角

（b）用尺苗外侧边测量内角

图1-36　90°角尺的使用

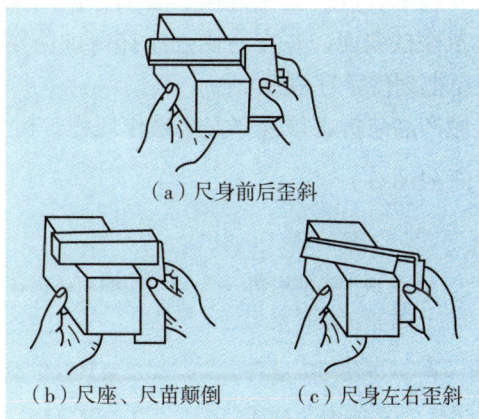

（a）尺身前后歪斜

（b）尺座、尺苗颠倒　　（c）尺身左右歪斜

图1-37　错误使用90°角尺

小贴士

90°角尺使用注意事项：

（1）使用前应先擦拭角尺工作面、被检测面，同时检查角尺各工作面和边缘是否平整，否则将影响测量精度。

（2）测量时应注意角尺安放位置，避免出现歪斜，影响测量；在使用和安放工作边较大的90°角尺时，尤应注意防止弯曲变形。

（3）测量时，可将角尺翻转180°加测一次，取两次的平均值作为测量结果，便于消除角尺本身的偏差。

（4）使用完毕后应擦拭干净，妥善保管，放置于专用工具箱。

　　工量具对机械装拆工作具有保证质量、提高工作效率、降低劳动强度等作用，所以对各种工具、量具都应在正确使用的同时重视其维护，并定期检验保证经常处于良好状态。

　　在工量具使用和维护方面，首先，应按照工量具性能与用途正确选用，不要相互代用。例如，不要用扳手代替手锤、用钢锤代替铜锤、用螺丝刀代替錾子、用小螺丝刀拧大螺丝等，要根据工件选择适合的锉刀形状和规格；不要用新锉刀锉焊缝或金属硬皮；不要用直尺代替游标卡尺，以免造成读数不准确；按被测表面不同形状采用不同的百分表测头，以保证读数准确，避免损坏百分表。其次，按照操作方法正确使用工量具。例如，用扳手时，不要反方向用力，扳口尺寸必须与螺母、螺钉尺寸相符；活动扳手力臂固定，对不同螺母受力不同，应尽量少用；手锤木柄应安装楔子，防止锤头松脱；手锤出现裂纹、毛边时应随时处理，防止出现危险。使用百分表测量时，测杆应垂直于被测表面，否则升降不灵活，读数不准确；千分尺使用过程中不要大力旋转螺杆，以免损坏测微头。最后，正确维护工量具。除铜锤等外，在工具的工作部位，一般都具有一定的硬度。如螺丝刀的头部等，在砂轮上修磨时，应防止退火；锉刀应及时刷去锉屑，以免生锈影响效率，并防止存放时碰伤齿部等。各种测量工具在使用中要轻拿轻放，避免碰撞、震动，使用完毕后应及时存放于专用工具箱内，不用时以软布擦拭表面，并在易锈处涂抹薄油防锈。不要用汽油或酒精等擦拭量具刻度表面，以免把刻度字迹擦掉。

　　机械产品装拆必须遵守安全操作规程，树立安全生产理念，避免发生安全事故。

任务评价（100分）

序号	项目描述	评分标准	分值	成绩
1	认识正确使用和维护工量具意义	能够简单描述各装拆工量具使用、维护方法	20	
2	正确使用工量具	工量具操作不正确，每件扣2分	30	
3	正确维护工量具	工量具维护、保养不正确，每件扣2分	30	
4	安全文明生产	1. 每违反一次《安全操作规程》，扣2分； 2. 环境卫生差，扣2分； 3. 造成零部件或工量具损坏，每件扣2分； 4. 发生安全事故取消考试资格	20	
总评		总分		
		教师签字：	年　月　日	

项目二

常用连接装拆

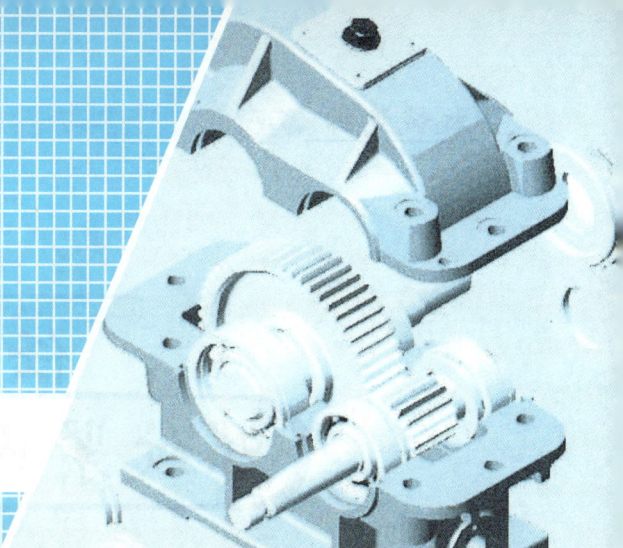

学习目标

知识目标：

1. 熟悉机械装拆的工艺过程。
2. 掌握机械装拆的技术要求和调整方法。

技能目标：

1. 熟练运用各类装拆工具。
2. 掌握各类零部件装配及拆卸方法。
3. 遵守安全操作规程。

项目导入

　　机械产品一般由若干零件或部件组合而成，机械装拆就是按照规定的技术要求，将零部件组装成产品或将机器拆卸为零部件的整个工艺过程。其中，单个零件的装配及拆卸是机械装拆工艺的最基本单元。

任务一
螺纹紧固件的装拆

工作任务	螺纹紧固件的装拆
任务描述	本任务详细介绍了常见螺纹紧固件的基本知识、种类用途，以及常见的装拆方法和注意事项，使学生认识机械装拆的技术要求及工作方法，熟悉机械装拆的工艺过程，掌握其最基本操作单元
使用工具	扳手、螺丝刀
学习目标	技能点： 1. 能够正确选取和使用相应装拆工具； 2. 掌握螺纹紧固件的正确装拆方法。 知识点： 1. 了解螺纹连接的结构特点以及零件相互间的配合关系； 2. 了解螺纹紧固件的种类、结构、应用等

一、认识螺纹紧固件

1. 螺纹的要素

圆柱表面上，沿螺旋线形成的具有相同剖面的连续凸起或沟槽称为螺纹。在圆柱外表面的螺纹称外螺纹，在圆柱内表面的螺纹称内螺纹。螺纹的结构要素包括牙型、公称直径、线数、螺距（导程）、旋向。

（1）牙型。在通过螺纹轴线的剖面上，螺纹的轮廓形状，称为螺纹牙型。常见的螺纹牙型有三角形（普通螺纹）、梯形、锯齿形和矩形等（见图2-1）。不同的螺纹牙形，有不同的用途。

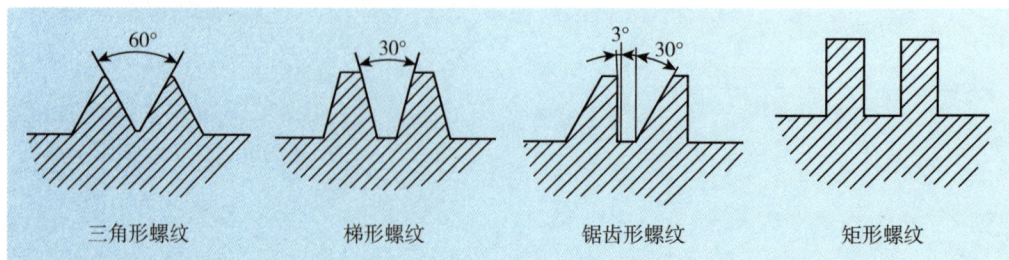

| 三角形螺纹 | 梯形螺纹 | 锯齿形螺纹 | 矩形螺纹 |

图2-1　螺纹牙型

（2）公称直径。大径 d、D 是指与外螺纹的牙顶或内螺纹的牙底相切的假象圆柱或圆锥的直径。内螺纹的直径用大写字母表示，外螺纹的直径用小写字母表示。

小径 d_1、D_1 是指与外螺纹的牙底或内螺纹的牙顶相切的假想圆柱或圆锥的直径。

中径 d_2、D_2 是指一个假想的圆柱或圆锥直径，该圆柱或圆锥的母线通过牙型上沟槽和凸起宽度相等的地方，如图 2-2 所示。

外螺纹的大径 d 和内螺纹的小径 D_1 也被称为顶径。

螺纹的公称直径是代表螺纹尺寸的直径，指螺纹大径的基本尺寸。

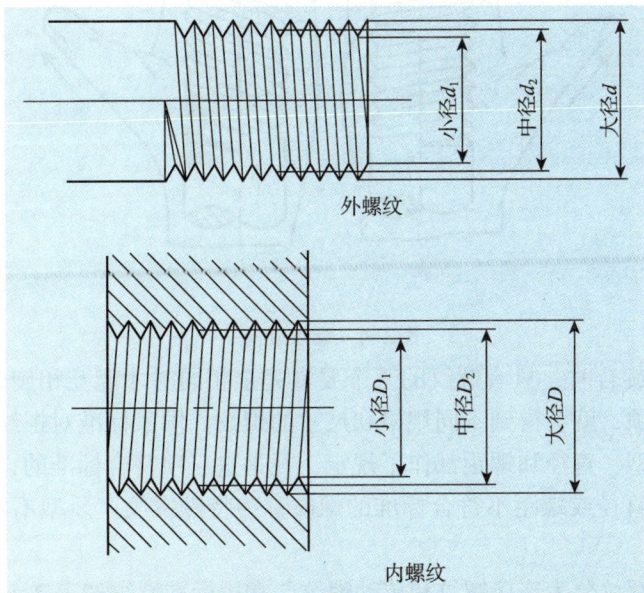

图2-2　螺纹的直径

（3）线数。形成螺纹的螺旋线条数称为线数，用字母 n 表示。沿一条螺旋线形成的螺纹称为单线螺纹，如图 2-3（a）所示；沿两条以上螺旋线形成的螺纹称为双线螺纹或多线螺纹，如图 2-3（b）所示。

（4）螺距（导程）。螺距 P 是螺纹相邻两牙在中径线上对应两点间的轴向距离。导程 P_h 是同一线螺纹上的相邻两牙在中径线上对应两点间的轴向距离。线数 n、螺距 P 和导程 P_h 之间的关系为：$P_h = P \times n$。

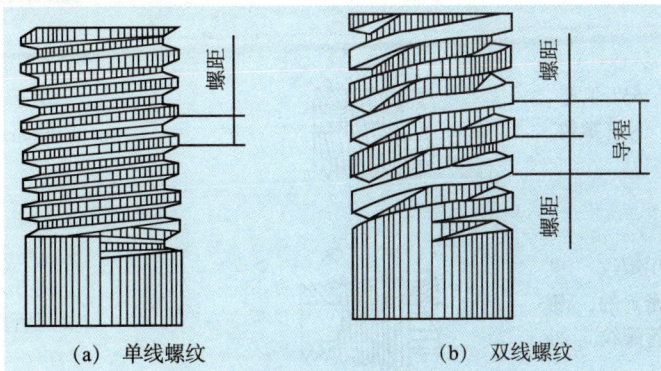

(a)　单线螺纹　　　　　(b)　双线螺纹

图2-3　螺纹线数及螺距（导程）

（5）旋向。螺纹分为左旋螺纹和右旋螺纹两种。顺时针旋转时旋入的螺纹是右旋螺纹；逆时针旋转时旋入的螺纹是左旋螺纹，如图2-4所示。工程上常用右旋螺纹。

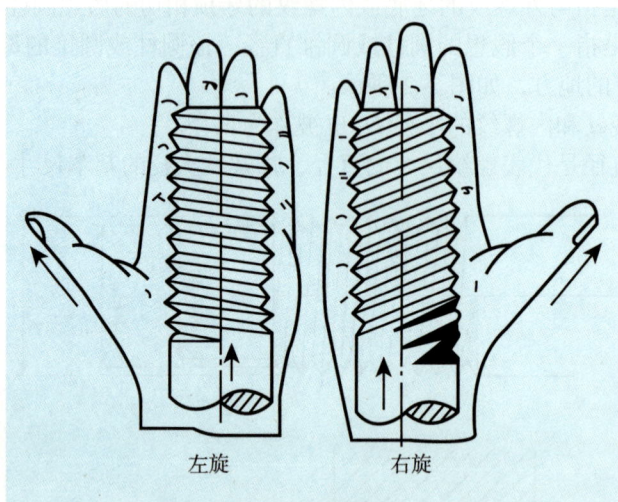

图2-4　螺纹旋向

当内外螺纹旋合时，只有螺纹的五个要素完全相同时才能互相旋合。改变上述五要素中的任何一项，就会得到不同规格和尺寸的螺纹。国家标准对螺纹（如普通螺纹、梯形螺纹）的牙型、直径和螺距都作了规定，凡是这三项符合标准的，称为标准螺纹；牙型符合标准，直径或螺距不符合标准的螺纹称为特殊螺纹；牙型不符合标准的螺纹叫非标准螺纹。

按用途分，螺纹分为连接螺纹和传动螺纹，常用标准螺纹如表2-1所示。

表2-1　常用标准螺纹

螺纹分类			牙　型	特征符号	用　　途
连接螺纹	普通螺纹（三角形螺纹）	粗牙	60°	M	用于一般常见零件的连接
		细牙			用于精密零件、薄壁零件或负荷较大的零件
	管螺纹	55°非密封管螺纹	55°	G	用于非螺纹密封的低压管路连接
连接螺纹		用螺纹密封的管螺纹	圆锥外 55°	R	用于螺纹密封的中、高压管路连接

续表

螺纹分类			牙 型	特征符号	用 途
连接螺纹	管螺纹	用螺纹密封的管螺纹	圆锥内	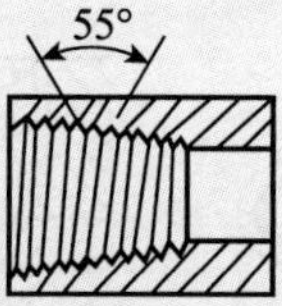 RC	用于螺纹密封的中、高压管路连接
			圆柱内	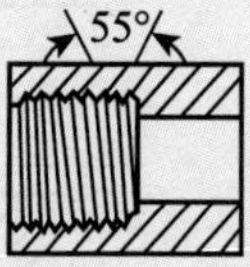 RP	
传动螺纹		梯形螺纹	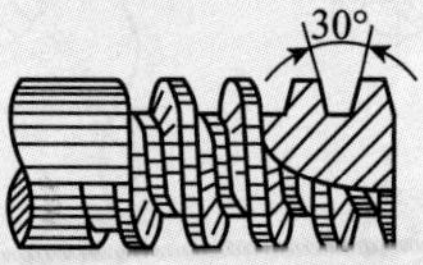	Tr	用于双向传递动力和运动
		矩形螺纹		B	传递单向动力

2. 常用螺纹紧固件

常用的螺纹紧固件包括螺栓、螺柱、螺钉以及螺母、垫圈等。常用螺纹连接的基本类型及应用如表 2-2 所示。

表 2-2　常用螺纹紧固件基本类型及应用

基本类型	图 例	连接形式	特点及应用
普通螺栓	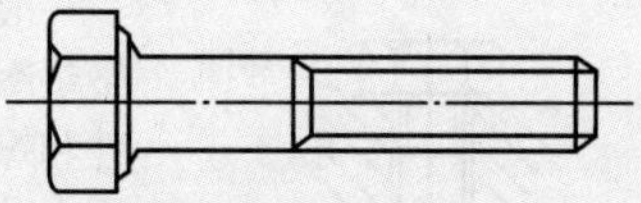	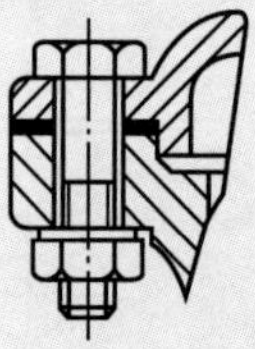	螺栓连接无须在被联接件上加工螺纹，被连接件不受材料的限制。主要用于被连接件不太厚、并能从两边进行装配的场合
双头螺柱	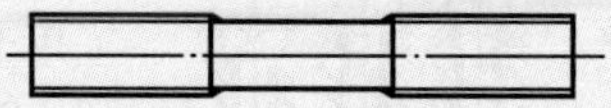	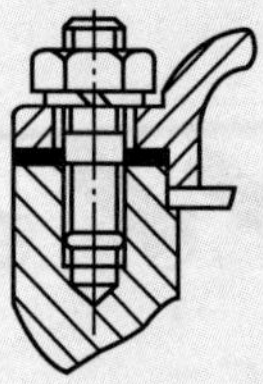	双头螺栓拆卸时只需旋下螺母，螺柱仍留在机体螺纹孔内，故螺纹孔不易损坏。主要用于被连接件较厚、而又需经常装拆的场合
六角头螺钉	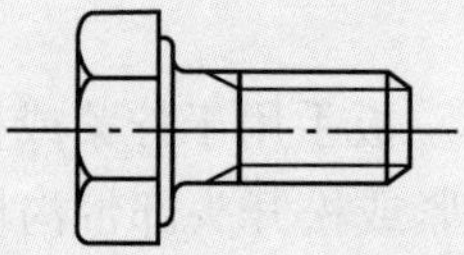	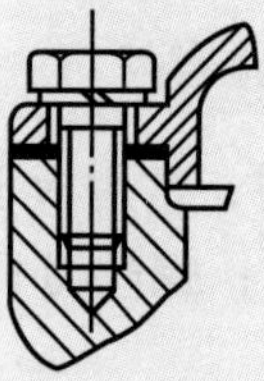	用于被连接件较厚、结构受到限制、不能采用螺栓连接、且不需经常装拆的场合

基本类型	图　例	连接形式	特点及应用
圆柱头内角螺钉	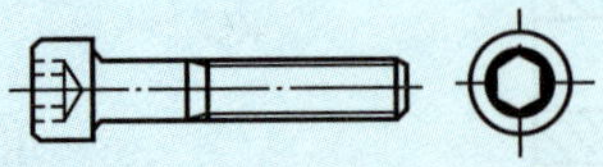	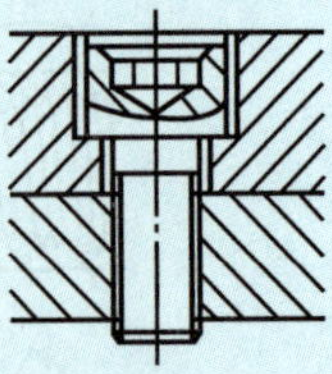	其圆柱头在装配时埋入零件沉孔内，用于零件表面不允许有凸出物的场合
紧定螺钉	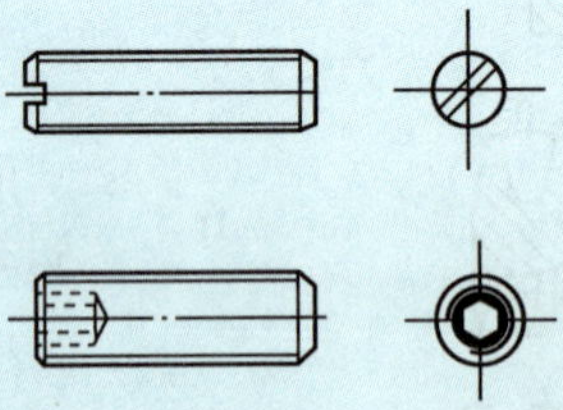	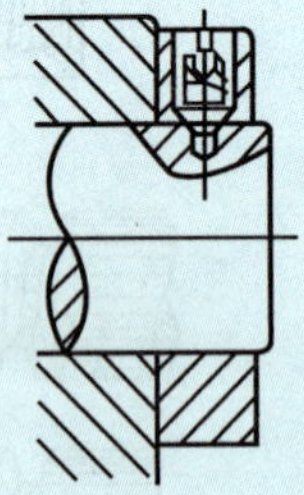	紧定螺钉的尖端顶住被连接件的表面或锥坑，以固定两零件的相对位置。多用于传递力或转矩的轴与轴上零件的连接
六角头螺母	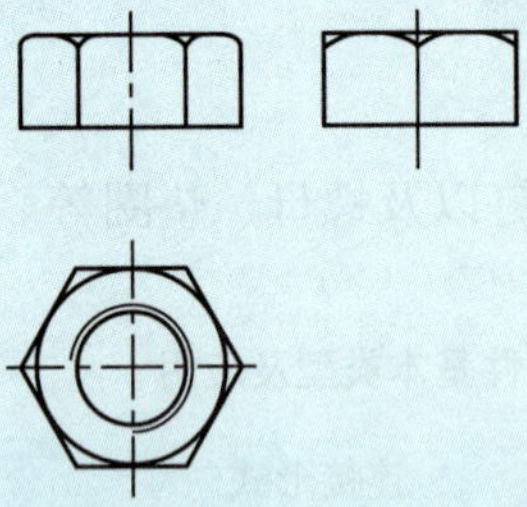	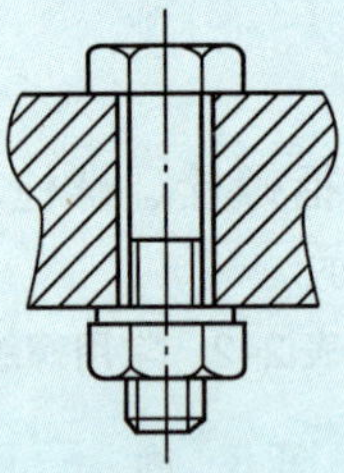	具有内螺纹，并常与螺栓、螺柱等外螺纹配合使用，起连接紧固机件作用
垫圈	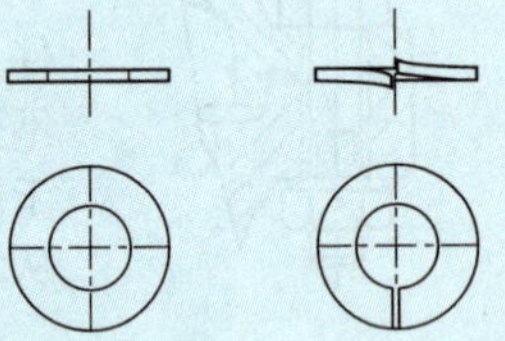	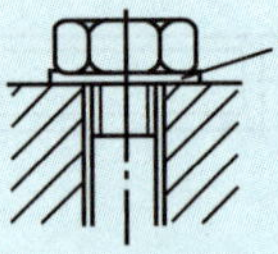 垫圈	一般分为平垫圈与弹簧垫圈，放置于被连接件和螺母之间，起分散压力及保护被连接件表面作用
其他形式螺钉		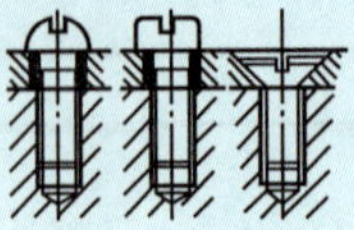	用于受力不大、质量较小的零件连接

二、装拆工具的准备

进行螺纹紧固件装拆时，常用扳手与旋具。扳手用于拧紧或松开螺母或螺钉、螺栓，使用方法如图 2-5 所示；螺丝刀具用来拧紧或松开头部带沟槽的螺钉，使用方法如图 2-6 所示。

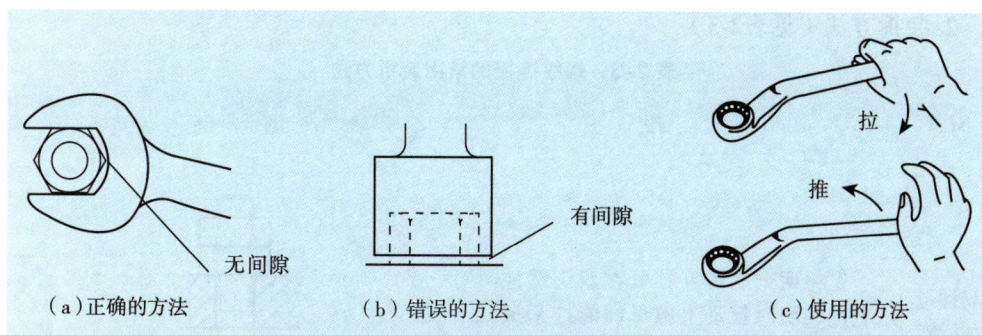

（a）正确的方法　　　　　　（b）错误的方法　　　　　　（c）使用的方法

无间隙　　　　　　　有间隙　　　　　拉　　推

图2-5　扳手的使用

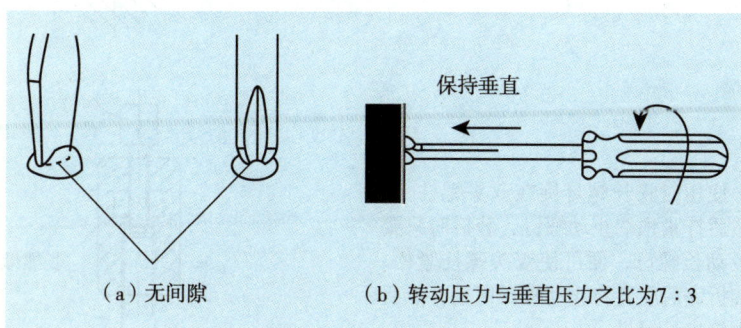

（a）无间隙　　　（b）转动压力与垂直压力之比为7∶3

保持垂直

图2-6　旋具的使用

三、螺纹紧固件的装拆方法

1. 装拆螺纹紧固件注意事项

（1）螺纹配合应做到手能自由旋动，过紧会咬坏螺纹，过松则受力后螺纹易断裂。

（2）螺帽、螺母端面应与螺纹轴线垂直，使受力均匀。

（3）零件与螺帽、螺母的配合面应平整光洁，否则螺纹易松动。为了提高连接质量，可加垫圈。

（4）必须保证双头螺柱与机体螺纹的配合有足够的紧固性，在装拆螺母过程中，螺栓不能有任何松动现象，否则容易损坏螺孔。

（5）双头螺柱的轴心线应与机体表面垂直。通常用90°角尺检验或目测判断，并及时进行纠正。

（6）装入双头螺栓时，必须加润滑油，以免拧入时产生螺纹拉毛现象，同时可以防锈，为以后拆卸更换时提供方便。

（7）当被连接件的光孔与螺孔中心不重合时，不得将螺钉强行拧入。

2. 装拆方法（见表2-3）

表 2–3　螺纹连接的常用装拆方法

内　容	操　作	图　例
双螺母装拆双头螺柱	先将两个螺母互锁紧在双头螺柱上，装配时扳动上螺母即能拧紧螺柱；拆卸时反向扳动下螺母即能松开螺柱	
长螺母装拆双头螺柱	使用时将长螺母旋在双头螺柱上，然后拧紧顶端止动螺钉，装拆时只要扳动长螺母，便可使双头螺柱紧松。装拆完后应先将止动螺钉回松，然后再旋出长螺母	螺钉　　长螺母
带有偏心盘的旋紧套筒装拆双头螺柱	偏心盘的周围有滚花，当套筒套入双头螺柱时，随拧紧方向转动手柄，偏心盘即可在双头螺柱的圆杆处楔紧，将其旋入螺孔中。将手柄倒转，偏心盘即自动松开，套筒便可方便地取出	套筒　偏心盘
装配成组螺钉、螺母	拧紧成组的螺钉或螺母时，要按一定顺序分几次逐步拧紧，否则会出现松紧不均、个别螺钉被拉长甚至断裂以及使被连接件变形等现象	

四、螺纹紧固件的防松方法

作为起连接紧固作用的螺纹连接，一般具有自锁功能，但在受到冲击、震动或变载负荷作用的情况下，可能会产生松动。为保证连接的可靠性，必须采用防松措施。常用的防松方式如表 2-4 所示。

表 2-4　螺纹连接常用的防松方式

防松装置		图　例	说　明
增加摩擦力防松	双螺母防松	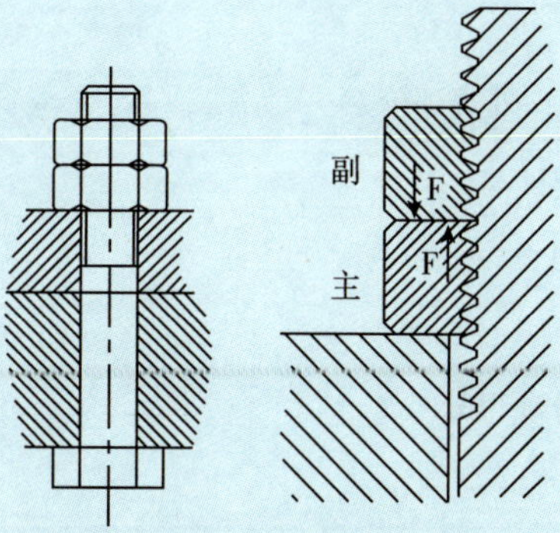	装配时先将主螺母拧紧至预定位置，再拧紧副螺母，依靠两螺母间所产生的作用力，达到防松的目的
增加摩擦力防松	弹簧垫圈防松	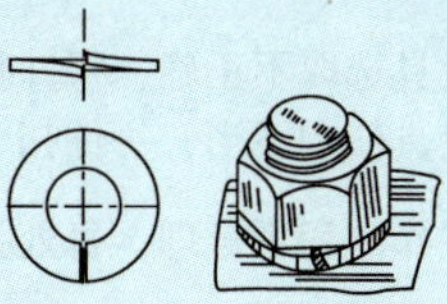	将弹簧垫圈置于螺母下，当拧紧螺母时，垫圈受压，由于弹性的作用产生轴向力从而增大了螺纹连接的摩擦力，达到了防松的目的
机械方式防松	开口销防松	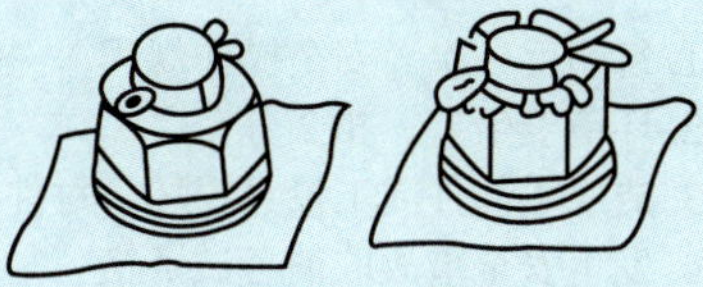	带槽螺母拧紧后，将开口销插入螺栓的销孔内，拨开销开口，使螺母与螺栓相互固定，达到了防松的目的。这种装置防松可靠，但螺栓上的销孔位置不易与螺母最佳锁紧状态的槽口位置取得一致
机械方式防松	止动垫圈防松	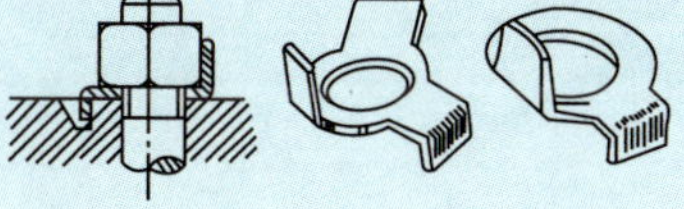	当拧紧螺母后，将垫圈的耳边弯折，使被连接件及螺母的边缘贴紧，防松可靠
机械方式防松	串联钢丝防松	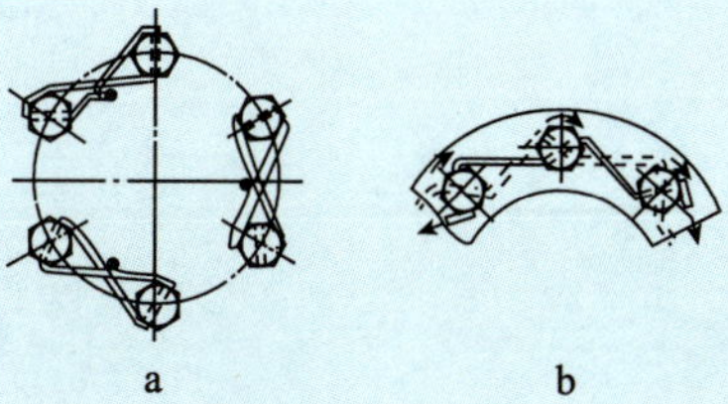	用钢丝连续穿过一组螺钉头部或螺母和螺栓的小孔，利用钢丝的牵制来防止其回松。它适用于布置较紧凑的成组螺纹连接。a 为成对串联，b 为成组串联。图中实线串法正确，双点画线所示串绕方向错误，因为螺母并未被牵制住，仍有回松余地

除了以上介绍的几种防松方式外，还有点铆防松法、黏接防松法等（属固定不可拆卸连接）。

任务功能评价（25分）

序号	功能评价	成绩
1	螺纹是否出现过松或过紧现象	
2	防松装置运用是否合理	
3	连接件与被连接件是否出现变形	
	分项得分	

任务外观评价（15分）

序号	外观评价	成绩
1	各部件是否完全拆卸	
2	各零件安装是否正确、合理	
3	各零件有无损坏或丢失	
	分项得分	

任务过程评价（60分）

序号	项目描述	评分标准	分值	成绩
1	正确选取和使用装拆工、量具	1. 工量具选取不正确，每件扣2分； 2. 工量具使用不当，每件扣2分	10	
2	拆卸工作流程是否正确	拆卸工作流程不合理，每处扣3分	20	
3	装配工作流程是否正确	装配工作流程不合理，每处扣3分	20	
4	安全文明生产	1. 每违反一次《安全操作规程》，扣2分； 2. 环境卫生差，扣2分； 3. 造成零部件或工量具损坏，每件扣2分； 4. 发生安全事故取消考试资格	10	
总评		分项得分		
		签字：	年　月　日	

任务二
键、销连接件的装拆

工作任务	键、销连接件的装拆
任务描述	键、销连接件主要是用来连接轴和轴上的零件，起周向固定传递转矩，以及定位的作用。由于具有结构简单、连接可靠、定位准确、装拆方便等优点，键、销连接件被广泛应用于各类机械装配中。 　　本任务详细介绍了键、销连接件的种类用途；常见的装拆方法和注意事项；机械装拆的技术要求及工作方法
使用工具	手锤、铜棒、拔销器、顶拔器、C 型夹头等
学习目标	技能点： 1. 正确选取和使用相应装拆工具； 2. 掌握键、销连接件的正确装拆方法。 知识点： 1. 了解键、销连接的结构特点以及零件相互间的配合关系； 2. 了解键、销连接件的种类、标记、应用场合等； 3. 了解过盈连接装配方法

一、认识键、销

1. 键的种类

键是标准件，常用键的种类、标记如表 2-5 所示。

表 2-5　常用键的种类、标记及特点

名　　称	图　　例	标记示例	标记含义	特　　点
普通平键	A 型平键 B 型平键 C 型平键	 键 10×36 GB/T 1096	A 型普通平键，宽 $b=10$，有效长度 $L=36$	平键的两侧是工作面，上表面与轮毂槽底之间留有间隙。其定心性能好，装拆方便。平键有普通平键、导向平键和滑键三种

续表

名 称	图 例	标记示例	标记含义	特 点
半圆键	半圆键	键 6×9×22 CB/T 1099	半圆键，$b=6$，$h=9$，直径 $d_1=22$	半圆键以两侧为工作面，有良好的定心性能。半圆键可在轴槽中摆动以适应毂槽底面，但键槽对轴的削弱较大，只适用于轻载连接
楔键	勾头楔键	键 10×40 GB/T 1565—1979	钩头楔键，宽 $b=10$，有效长度 $L=40$	楔键的上下面是工作面，键的上表面有 1:100 的斜度，轮毂键槽的底面也有 1:100 的斜度。把楔键打入轴和轮毂槽内时，其表面产生很大的预紧力，工作时主要靠摩擦力传递扭矩，并能承受单方向的轴向力。其缺点是会迫使轴和轮毂产生偏心，仅适用于对定心精度要求不高、载荷平稳和低速的连接。楔键又分为普通楔键和钩头楔键两种
花键	花键	$6×23f7×26a11×6d10$ GB/T 1144-2001	外花键，键数 6，小径 $d=23$ 公差 $f7$，大径 $D=26$ 公差 $a11$，键宽 $B=6$ 公差 $d10$	花键是在轴和轮毂孔周向均布多个键齿构成的。花键连接为多齿工作，工作面为齿侧面，其承载能力高，对中性和导向型好，对轴和毂的强度削弱小，适用于定心精度要求高、载荷大和经常滑移的静连接和动连接

2. 销的种类

销也是标准件，常用于零件间的定位或连接。常用销的种类、标记如表 2-6 所示。

表 2-6　销的种类及标记

名　称	图　例	标记示例	标记含义	特　点
圆锥销		销 GB/T 119.1 $10h8 \times 60$	圆锥销公称直径 $d=10$、公差为 $h8$，公称长度 $L=60$，材料为钢，不淬火（圆锥销公称直径为小端直径）	一般具有 $1:50$ 的锥度，在受横向力时可以自锁。安装方便，定位精度高，可多次装拆而不影响定位精度
圆柱销		销 GB/T 117 10×60	圆柱销公称直径 $d=10$，长度 $L=60$ 材料为 35 钢，热处理硬度为 HRC28~38	靠过盈配合固定在销孔中，经多次装拆会降低其定位精度和可靠性
开口销		销 GB/T 91 5×50	开口销公称规格 $d=5$，公称长度 $L=50$，材料为 Q235，不经表面处理的开际最大直径为 4.6 mm，最小直径为 4.4 mm	装配时，将尾部分开，以防脱出。开口销除与销轴配用外，还常用于螺纹连接的防松装置中

二、装拆工具的准备

键、销连接的装拆，除手锤、铜棒等常用工具外，还可用到拉卸工具如拔销器、顶拔器（见图 2-7）和压合工具如 C 型夹头等（见图 2-8），这些工具应用于盈连接零部件的拆卸。

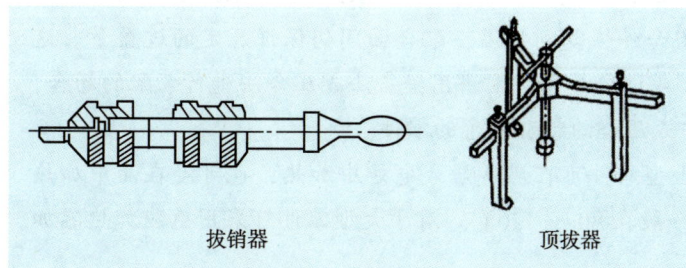

拔销器　　　　　顶拔器

图2-7　拉卸工具

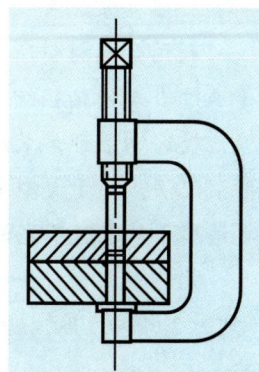

图2-8　C型夹头压入圆柱销

小贴士

过盈连接装配方法：

过盈连接是依靠轴和孔的过盈量达到连接的目的。装配后，由于材料的弹性变形，使轴和孔的配合面间产生压力，工作时，依靠此压力所产生的摩擦力来传递转矩或轴向力。这种连接的结构简单，对中性好，承载能力强，但配合面加工精度要求较高。

过盈连接常用的装配方法有锤击装配法、压合装配法以及温差装配法。

1. 锤击装配法

用来装配过盈量较小的配合件，如图2-9所示。装配前，应对配合件的孔及轴端进行倒角，并在连接表面涂润滑油。锤击时，应在工件锤击部位垫上垫片，锤击受力方向不可偏斜，四周用力均匀。

图2-9 锤击装配法

2. 压合装配法

用压力机械将过盈连接的配合件压入。与锤击法相比较，它的导向性好，配合件受力均匀，能装配尺寸较大和过盈量较大的配件。常用的压力机械有螺旋压力机、专用螺旋C形夹头、齿条压力机和气动压力机，如图2-10所示。压合装配时，压合速度要平稳，不允许有间断，否则配合表面因停留会产生压痕。

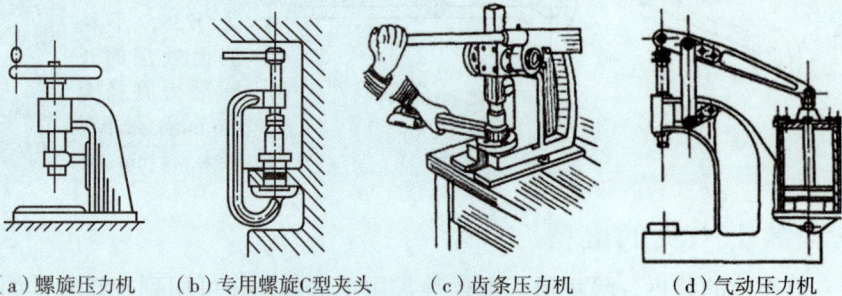

（a）螺旋压力机　　（b）专用螺旋C型夹头　　（c）齿条压力机　　（d）气动压力机

图2-10 压力机械

3. 温差装配法

利用金属材料所具有的热胀冷缩的特性，在装配时通过加热使孔径增大，或者通过冷却使轴径缩小的方法，来减小装配件之间的过盈量甚至产生间隙，这样就比较容易装配。装配后配合件恢复到室温，配合面间仍保证原定的过盈量。这种装配法多用于大型零件，或过盈量大、无法用锤击法或压合法进行装配的场合，也适用于装配时不允许锤击或压合的特别精密的零件。

热胀装配时，一般中小型零件可在燃气炉或电炉中加热，也可浸在油中加热（见图2-11），其加热温度一般在 80 ~ 120℃。对于大型零件可采用感应加热器加热。

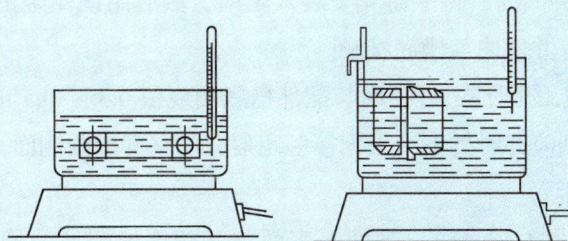

图2-11 油箱加热

冷缩装配时，对过盈量较小的小型连接件和薄壁衬套等，均可采用固体二氧化碳（即干冰）冷缩，冷却温度可达 -70℃以下或放入工业冰箱冷却，冷却温度可达 -50℃。冷缩法与热胀法相比，收缩变形量较小，因而比较多地用于过渡配合。有时也可用于过盈不太大的过盈配合。

过盈量较大时，则可同时将套类零件加热，而将轴类零件冷却的方法进行装配。

三、键连接装拆

键连接件装拆时，应考虑拆卸方便，特别是需要预装配的组件。键和配件必须经过修配后才可进行装配，否则容易造成拆卸困难，严重的还会使组件损坏，产生损失。

1. 平键连接装拆

平键连接时，键的两侧面与键槽两侧面间为过渡配合，键的底面应与槽底接触，顶面之间留有较大间隙，并在键的长度方向也留有一定间隙（见图 2-12）。

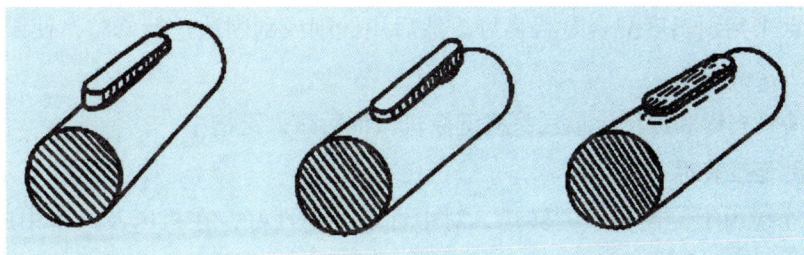

图2-12 平键连接

平键连接装配步骤如下：

（1）去除键槽锐边，防止装配时造成装键困难。

（2）试装轴与轴上配件，此时不装入平键。以检查轴孔间配合情况，避免装配过紧。

（3）修配平键与键槽宽度的配合精度，要求配合稍紧，不得有较大间隙或配合过紧情况。如出现配合过紧，则应按装配公差要求进行修整。

（4）配合面涂机械油，将平键先安装入轴槽，然后用铜棒敲击或用台虎钳（钳口应放入垫片）压入，并使之与槽底接触。

（5）安装轴颈上的配件，键顶面与配件槽底面应留 0.3 ~ 0.5 mm 间隙。若侧面配合过紧难以装入，则应即时拆下，根据接触印痕，修整键槽两侧面，使之正常装入。

2. 楔键连接装拆

楔键连接（见图 2-13）时，键的上表面与其相连接配件的槽底面接触，且均有 1∶100 斜度，键侧与键槽间有一定间隙。装配时，将键打入构成紧键连接，用以传递扭矩和承受单项轴向力。由于其对中性较差，故多用于对中要求不高的地方。钩头楔键一端带钩头，便于拆卸。

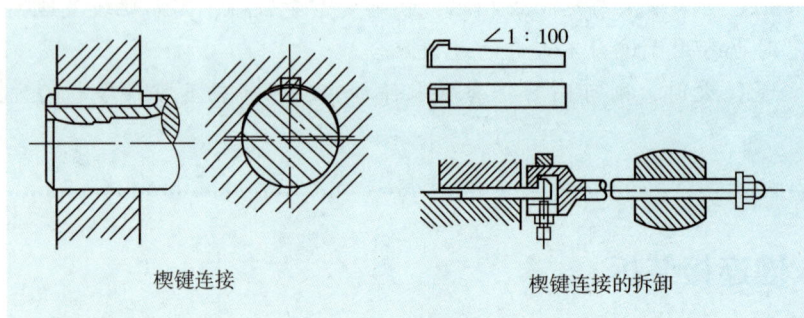

楔键连接   楔键连接的拆卸

图2-13 楔键连接

楔键连接装配步骤如下：

（1）因楔键连接中要求键与槽的宽度间应保持一定的配合间隙，所以需要先修配键宽。

（2）将轴上配件的键槽与轴上键槽对正，在楔键的斜面上涂色后敲入键槽内。根据接触斑点来判别斜度配合是否良好。然后用锉削或刮削法进行修整，使键与键槽的上下结合面紧密贴合。

（3）清理楔键和键槽，最后将楔键涂机械油后敲入键槽中。

3. 花键连接装拆

花键连接用于传递较大的转矩，对中性及导向性好，在机床及汽车中应用较多。按其齿形的不同，可分为矩形、渐开线形、三角形等几种，其中最常用的是矩形花键，如图 2-14 所示。

花键连接多数为间隙配合，轴孔装配后应能相对滑动。花键轴一般经滚切或铣削加工后，外圆还要经过磨削，所以表面光洁，尺寸比较精确，装配前只需用油石将棱边倒角即可。花键孔一般用拉刀拉削而成，尺寸也很精确。但对于齿轮上的花键孔，因齿部通常要进行高频淬火，所以花键孔的直径将会有微量缩小，需经试装后用油石或整形锉进行修整。

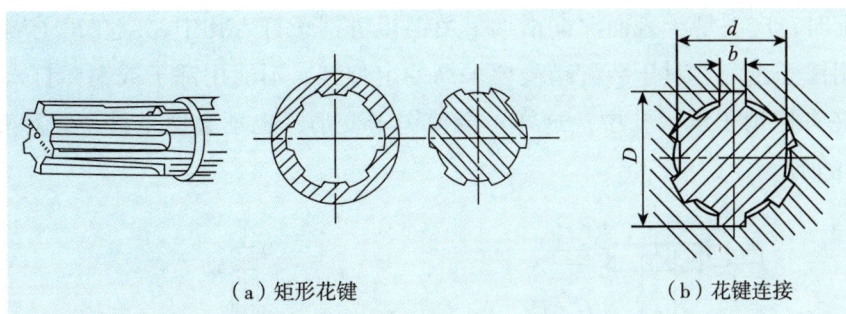

（a）矩形花键　　　　　　　　（b）花键连接

图2-14　矩形花键连接

花键试装时采用着色法进行修整。如图2-15所示，将齿轮装夹在台虎钳上，两手平托起轴，对准伸入花键孔中，找到齿槽误差最小的位置后，同时在齿轮和花键轴的端面相应位置上作出标记，以后按此标记位置装配。拔出花键轴后，在齿轮花键孔内涂色，再将花键轴用锤子轻轻敲入。退出轴后，根据色斑分布情况修整键槽两侧，反复数次直到合格为止。装配后，花键轴在孔中沿轴向滑动自如，周向往复转动轴时，不应感觉到有明显的间隙。

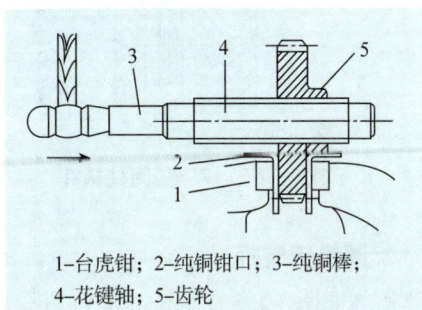

1—台虎钳；2—纯铜钳口；3—纯铜棒；
4—花键轴；5—齿轮

图2-15　花键连接的试装

四、销连接装拆

销连接除起到连接作用外，还可用来确定零件间的相对位置、传递动力和转矩，（见图2-16）。销的结构简单，连接可靠，定位准确，装拆方便，在各种机械装配中广泛采用。

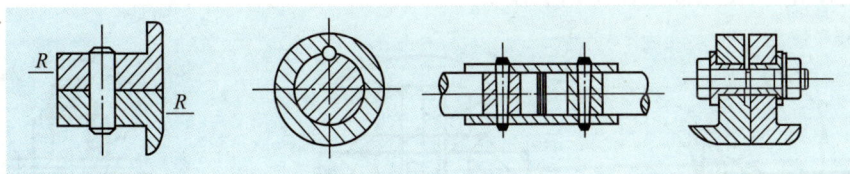

图2-16　销连接

1. 圆柱销装拆

圆柱销是依靠配合时的过盈量固定在销孔中，故一旦失去过盈或一经拆卸，就必须调换新的销子。这种连接一般不宜多次装拆，否则会降低配合精度。为了保证获得较好的过盈配合，所以对销子和销孔的表面粗糙度要求较高，一般在 $R_a 1.6 \sim 0.4\ \mu m$ 之间。装配时，为了保证被连接的两个零件销孔的同轴度和表面粗糙度的要求，两个被连接件的销孔应同时钻、铰，如图2-17所示。当起定位作用时，必须将两个零件的位置经过精确调整并固定后，才能进行钻孔和铰孔。

装配时，应在销子表面涂润滑油，用铜棒将销子打入孔中，或在销子端面上垫铜棒后用锤子击入。对于装配精度要求高的定位销，不能用锤子或铜棒打入，可采用C型夹头把销子压入孔中，这样不会使销子变形，也不会使工件位置相互移动，如图2-18所示。

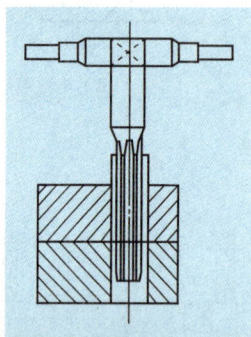

图2-17 铰圆柱销孔

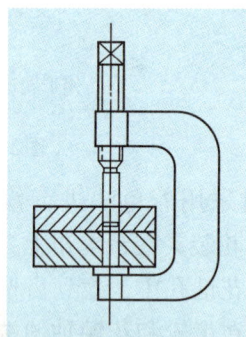

图2-18 C型夹头压入圆柱销

2. 圆锥销装拆

标准圆锥销具有1∶50的锥度，定位准确，装拆方便，并在横向力作用下可保证自锁。一般多用于经常装拆的场合，主要用于定位。

装配时，被连接的两个零件的销孔也必须同时钻铰，钻孔时应按圆锥销的小端直径选用钻头。铰孔的深度以销子用手推入孔内占销子全长的80%～85%为宜，如图2-19所示。当用铜棒敲入时，应保证销子的倒角部分伸出在所连接的零件的平面外。

若销孔为通孔，则用一个直径略小于销孔的金属棒在销子的底端顶住，用手锤轻轻敲出；若销孔为不通孔，则需使用带内螺纹（见图2-20）或蝶尾的销子进行拆卸（见图2-21），或使用拔销器将销子拔出。

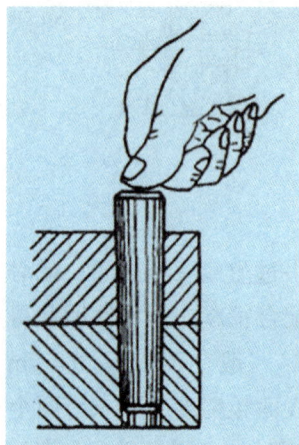

图2-19 锥销方式配铰孔深度

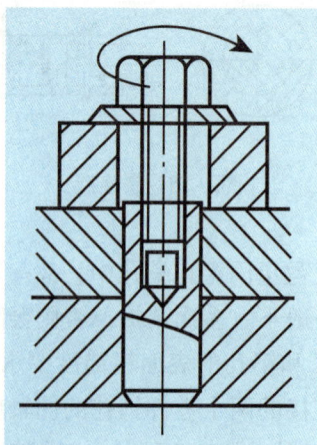

图2-20 内螺纹圆锥销的拆卸

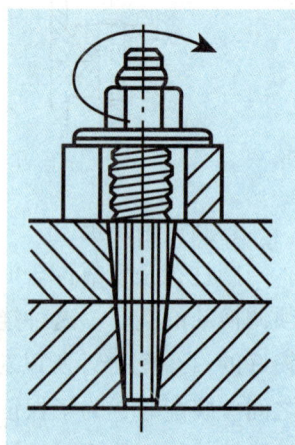

图2-21 蝶尾圆锥销的拆卸

任务功能评价（25分）

序号	功能评价	成绩
1	键、销连接是否紧固、符合要求	
2	被连接件是否出现损坏或变形	
	分项得分	

任务外观评价（15分）

序号	外观评价	成绩
1	各部件是否完全拆卸	
2	各零件安装是否正确、合理	
3	各零件有无损坏或丢失	
	分项得分	

任务过程评价（60分）

序号	项目描述	评分标准	分值	成绩
1	正确选取和使用装拆工、量具	1. 工量具选取不正确，每件扣2分； 2. 工量具使用不当，每件扣2分	10	
2	拆卸工作流程是否正确	拆卸工作流程不合理，每处扣3分	20	
3	装配工作流程是否正确	装配工作流程不合理，每处扣3分	20	
4	安全文明生产	1. 每违反一次《安全操作规程》，扣2分； 2. 环境卫生差，扣2分； 3. 造成零部件或工量具损坏，每件扣2分； 4. 发生安全事故取消考试资格	10	
总评		分项得分		
		签字：	年　月　日	

任务三
滑动轴承的装拆

工作任务	滑动轴承的装拆
任务描述	滑动轴承支承轴及轴上零件，具有工作平稳、噪音小、径向尺寸小、耐冲击和承载能力大等优点，因此常被应用于低速重载工况条件下。 　　本任务详细介绍了滑动轴承的基本知识、种类用途；常见的装拆方法和注意事项；机械装拆的技术要求及工作方法

续表

使用工具	手锤、铜棒、拉卸工具、压合工具等
学习目标	技能点： 1.熟悉滑动轴承结构特点及装配连接形式； 2.正确选取和使用相应装拆工具； 3.掌握各类滑动轴承的正确装拆方法。 知识点： 1.了解机械部件的常用拆卸方法； 2.了解滑动轴承种类、应用，及其结构特点，熟悉各零件的名称、形状、用途及各零件之间的装配关系

一、认识滑动轴承

在滑动摩擦环境下工作的轴承称为滑动轴承（见图2-22）。轴被轴承支承的部分称为轴颈，与轴颈相配的零件称为轴瓦。为了改善轴瓦表面的摩擦性质而在其内表面上浇铸的减摩材料层称为轴承衬。

在加入润滑油后，滑动表面间形成油膜，具有吸振功能，同时使滑动表面不发生直接接触，可以大大减小摩擦损失和表面磨损，但会导致起动摩擦阻力较大。

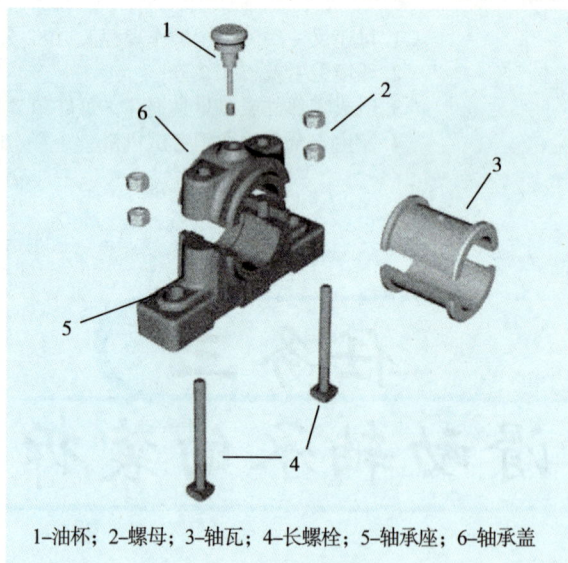

1-油杯；2-螺母；3-轴瓦；4-长螺栓；5-轴承座；6-轴承盖

图2-22 滑动轴承

滑动轴承采用面接触工作方式，承载能力大，工作平稳、可靠、无噪声，结构简单、径向尺寸小，同时使用影响精度的零件数较少，精度较高，故一般应用在低速重载环境中，或者是维护保养及加注润滑油困难的运转部位。

滑动轴承按受载方向不同可分为径向轴承与止推轴承。径向轴承又称向心轴承，承受径向载荷；止推轴承又称推力轴承，承受轴向载荷。

二、常用拆卸方法

进行机器部件的拆卸时，要根据零件实际结构及装配方法选用合适的拆卸方法。常用的拆卸方法有击卸、拉卸与压卸。

1. 击卸

击卸是利用锤子或其他重物撞击零件时产生的作用力，使零件位移从而达到拆卸的目的。击卸操作简单，但如果方法不当容易破坏或损坏零件。

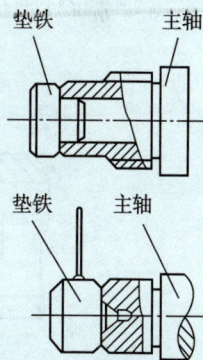

小贴士

进行击卸时的注意事项：

（1）应根据所拆卸的零、部件的尺寸、重量及配合牢固程度，选用重量适当、安全可靠的手锤。

（2）必须对所击卸件采取保护措施，通常用铜棒、胶木棒、木板或专用垫铁等保护击卸部位（见图2-23）。击卸过程中应选择合适锤击点，同时锤击均匀，避免被卸零件变形、损坏。

（3）要先对击卸件进行试击，如果听到坚实的声音，要停止击卸，并进行检查，看是否由于拆出的方向相反或紧固件漏拆所引起。一般轴的拆出方向总是朝向轴、孔的大端。

（4）如因严重锈蚀而造成配合面拆卸困难，可先用机械油浸润松动后，再行击卸。

图2-23　击卸保护

2. 拉卸

拉卸是通过特定工具进行拆卸的一种静力拆卸法，不容易损坏零件，适用于精度较高、不易击卸的零件拆卸。进行拉卸时应注意：

（1）利用顶拔器拉卸轴端零件时，顶拔器的拉钩应保持互相平行，钩子与零件接触面要求平整，防止受力不均匀而产生打滑（见图2-24）。

（2）利用拔销器拉卸带中心孔的传动轴时，应先将连接螺钉预紧，以保护螺纹。同时要检查轴上的其他紧固件是否完全卸下、轴的拆出方向是否正确，以免产生失误，造成损失（见图2-25）。

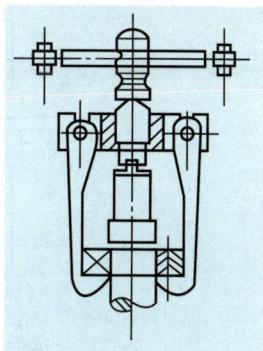

图2-24　拉卸轴承

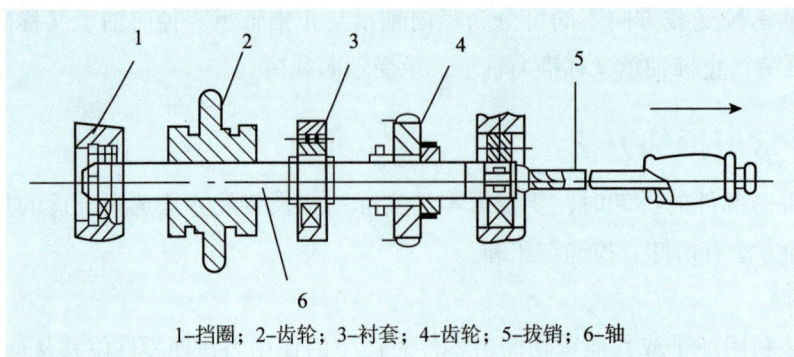

1—挡圈；2—齿轮；3—衬套；4—齿轮；5—拔销；6—轴

图2-25　拉卸传动轴

（3）拉卸轴套时，使用特殊拉卸工具，如图2-26所示。当四个伸缩滑抓在拉杆轴径最小处时，受弹簧作用处于伸缩直径最小值。将拉具通过轴套孔内作轴向用力时，滑抓滑出处于拉杆轴径最大值，从而钩住轴套端部，此时可转动螺母拉出轴套。

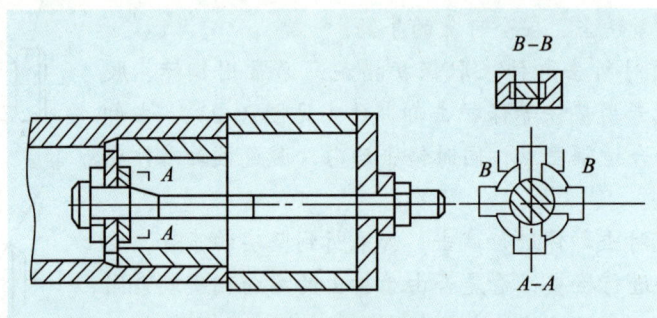

图2-26　拉卸轴套

3. 压卸

压卸是利用压力机、油压机等机械工具（见图2-27）进行拆卸的静力拆卸法，通常用于形状简单、配合过盈的零部件拆卸。

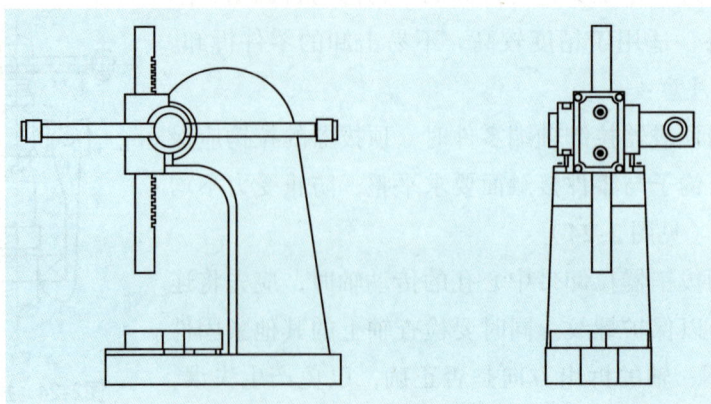

图2-27　手动压力机

滑动轴承壁一般较薄，易损坏和拉伤，进行拆卸时应注意方式方法，避免损坏。拆卸时，应先拆除轴承周围的固定螺钉和销。有定位凸缘的轴承，在轴承盖与轴承座分开后应注意拆卸方向。拆卸瓦片时，应用铜棒或木棒顶住轴瓦端面的钢背，且注意保护好轴衬。套筒式轴瓦应使用相应拆卸工具拉卸或压卸，不可使用击卸法拆卸，以免造成轴瓦变形和损伤。

三、径向滑动轴承的装拆

1. 整体式径向轴承装配

整体式轴承（见图2-28）具有结构简单、制造方便、成本低廉等优点，但对粗重的轴或具有中间轴颈的轴安装不便，甚至无法安装。此外，轴瓦磨损后出现的过大间隙无法调整，只能从轴颈端部更换轴瓦，不太经济，主要用于低速轻载或间歇式的工作环境。

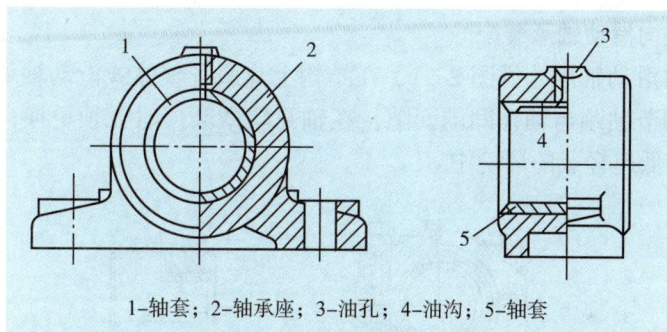

1-轴套；2-轴承座；3-油孔；4-油沟；5-轴套

图2-28　整体式径向滑动轴承

整体式滑动轴承利用轴承中的锥面调节间隙，常用于对轴承间隙要求较高的环境。分为有内柱外锥式与外柱内锥式两种结构。

内柱外锥式滑动轴承（见图2-29）结构特点是轴承外锥面上有切槽，其中一条切通以增加轴承弹性。在调整间隙时，首先将左端螺母回松，然后拧紧右端螺母使主轴承右移，这样间隙就增大，反之间隙减小。

装配时可分以下几个步骤：

（1）清洗装配件，将轴承外套压入箱体的孔内，用专用心轴研点，修刮轴承外套的内锥孔。

（2）以轴承外套的内锥孔为基准，研刮主轴承的外锥面，将主轴承装入轴承外套锥孔内，两端分别拧上螺母，并调整好主轴承的轴向位置。

（3）以主轴的基准配刮主轴承的内孔，研刮至规定要求后，卸下主轴和轴承，清洗干净后，重新装入并调整好间隙。

外柱内锥式滑动轴承（见图2-30）在调节间隙时，通常是轴的位置不变，而是移动轴瓦的位置来调节间隙。首先回松左边螺母，然后拧紧右边螺母，轴瓦就向右移动，轴承间隙便增大。反之，轴承间隙就减小。

1—螺母；2—箱体；3—轴承外套；
4—螺母；5—主轴；6—主轴承

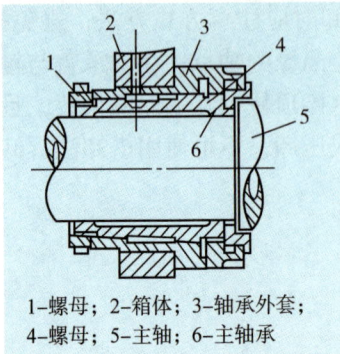

图2-29　内柱外锥式滑动轴承

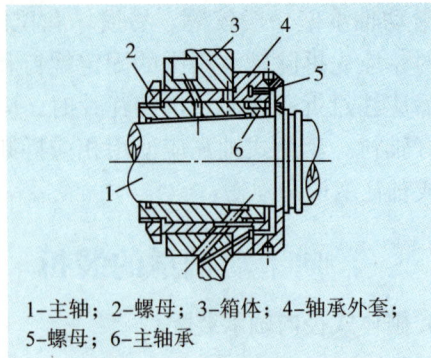

1—主轴；2—螺母；3—箱体；4—轴承外套；
5—螺母；6—主轴承

图2-30　外柱内锥式滑动轴承

内锥外柱式轴承与内柱外锥式轴承的装配过程大致相同。其不同处是只需研刮内锥孔，可将轴承装入箱体后，直接以主轴为基准研点配刮轴承内锥孔。然后将有关配件清洗，重新装入并调整间隙。

2. 对开式径向滑动轴承装配

对开式径向滑动轴承（见图2-31）在结构上克服了整体式滑动轴承的缺点，更利于安装，并可调节轴颈与轴瓦间的间隙，在轴瓦轻微磨损时无须更换，可通过调节得到恢复，适用于低速轻载的环境中。

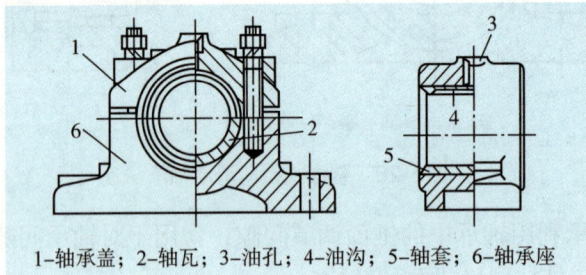

1—轴承盖；2—轴瓦；3—油孔；4—油沟；5—轴套；6—轴承座

图2-31　对开式径向滑动轴承

对开式滑动轴承一般由轴承座、轴承盖、轴瓦、调整垫片、螺柱和螺母等所组成（见图2-32）。改变调整垫片的厚度即可调整轴瓦与轴之间的间隙。当轴瓦磨损后，可按磨损程度来减薄调整垫片的厚度，使轴瓦与轴保持合适的间隙。

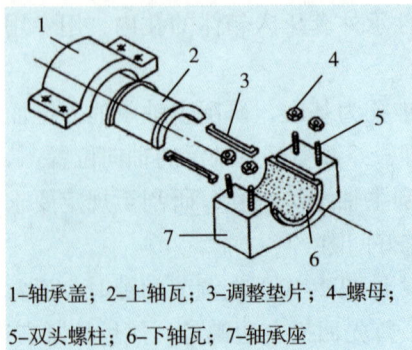

1—轴承盖；2—上轴瓦；3—调整垫片；4—螺母；
5—双头螺柱；6—下轴瓦；7—轴承座

图2-32　对开式滑动轴承

　　装配时，要求轴瓦背部与轴承座孔壁接触紧密。对于薄壁轴瓦，要求轴瓦在自由状态下外径稍大于座孔直径，使其有一定的扩张量，如有不符，需进行选配。如图2-33所示为轴瓦的装配方法，用木块垫在轴瓦剖分面上，注意与轴承座两侧的对称，然后用木槌击打，使轴瓦装入轴承座孔中。

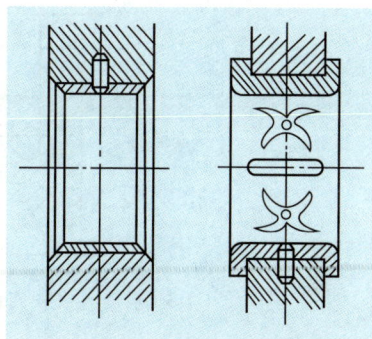

　　轴瓦在座孔中无论在圆周方向或轴向都不允许有位移，故常用定位销和轴瓦上的凸台止动（见图2-34）。

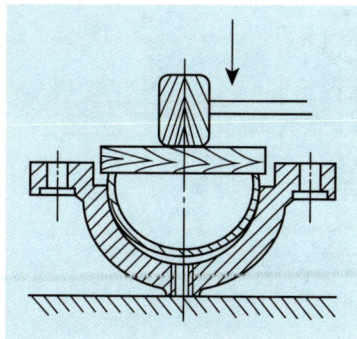

图2-33　轴瓦的装配　　　　　　　　　图2-34　轴瓦的定位

小贴士

　　滑动轴承装配的基本要求是：轴与轴承配合表面的接触精度应达到规定标准；配合间隙符合规定要求；润滑油道的位置要正确。

四、止推轴承装拆

　　止推滑动轴承（见图2-35）用来承受轴向载荷，防止轴的轴向移动。由于支撑面半径线上各点的速度不同，磨损也不匀。实心端面的压力分布极不均匀，靠近中心处的压强极高。空心式轴颈接触面上压力分布较均匀，润滑条件较实心式有所改善。单环式轴承利用轴颈的环形端面止推，结构简单，润滑方便，广泛用于低速轻载的环境。多环式轴承不仅能承受较大的轴向载荷，还可以承受双向轴向载荷，但由于各环之间载荷分布不均，故单位面积的承载能力比单环式较小。因此，一般机器上多采用空心轴颈和环形轴颈。

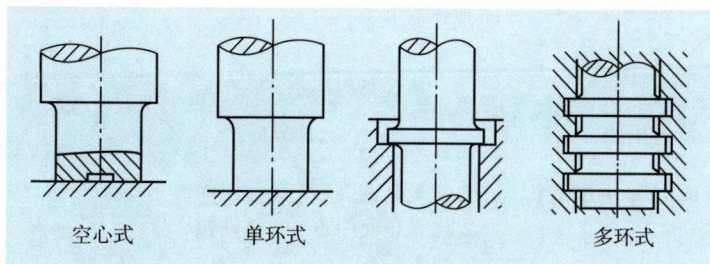

空心式　　　单环式　　　　多环式

图2-35　止推滑动轴承

止推滑动轴承是承受轴向载荷的滑动轴承，由轴承座、衬套、轴套和止推垫圈等组成，如图2-36所示。止推轴承工作时，由轴的端面或轴环传动轴向载荷，轴端面称止推端面，轴环称止推环，且均与止推垫圈接触。为了便于定位，止推垫圈底部为球面，用销钉与轴承座固定。润滑油从下部用压力注入并经油槽从上部流出。

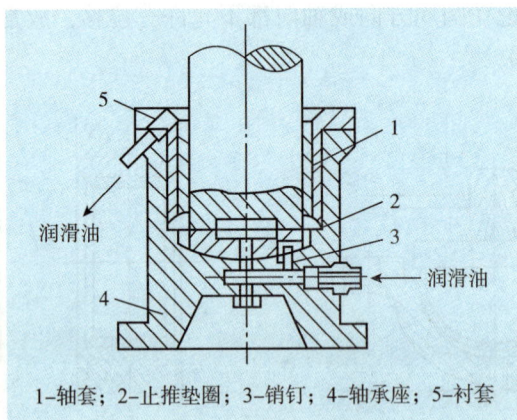

1-轴套；2-止推垫圈；3-销钉；4-轴承座；5-衬套

图2-36 止推滑动轴承

任务功能评价（25分）

序号	功能评价	成绩
1	进行装配后，滑动轴承是否处于转动平稳、正常的工作状态	
2	轴瓦是否出现损坏或变形	
	分项得分	

任务外观评价（15分）

序号	外观评价	成绩
1	各部件是否完全拆卸	
2	各零件安装是否正确、合理	
3	各零件有无损坏或丢失	
	分项得分	

任务过程评价（60分）

序号	项目描述	评分标准	分值	成绩
1	正确选取和使用装拆工、量具	1. 工量具选取不正确，每件扣2分；2. 工量具使用不当，每件扣2分	10	
2	拆卸工作流程是否正确	拆卸工作流程不合理，每处扣3分	20	

续表

序号	项目描述	评分标准	分值	成绩
3	装配工作流程是否正确	装配工作流程不合理，每处扣3分	20	
4	安全文明生产	1.每违反一次《安全操作规程》，扣2分； 2.环境卫生差，扣2分； 3.造成零部件或工量具损坏，每件扣2分； 4.发生安全事故取消考试资格	10	
总评		分项得分		
		签字：	年　月　日	

任务四
滚动轴承的装拆

工作任务	滚动轴承的装拆
任务描述	滚动轴承起支承轴及轴上零件的作用，并保持轴的正常工作位置和旋转精度，使用维护方便，工作可靠，起动性能好，是一种机械生产领域中广泛应用的重要部件。 　　本任务详细介绍了滚动轴承的基本知识、种类用途；常见的装拆方法和注意事项；机械装拆的技术要求及工作方法
使用工具	手锤、铜棒、垫片、拉卸工具、压合工具等
学习目标	技能点： 1.掌握机械部件的常用拆卸、装配方法； 2.正确选取和使用相应装拆工具； 3.掌握各类滚动轴承的正确装拆方法。 知识点： 1.了解滚动轴承结构特点及装配连接形式； 2.了解滚动轴承种类、应用，及其结构特点，熟悉各零件的名称、形状、用途及各零件之间的装配关系

一、认识滚动轴承

　　滚动轴承是支承载荷、传递旋转的一种重要机械部件，具有摩擦阻力小、易启动、效率高、结构紧凑、维护简便等优点，广泛应用于国民生产的各个领域，如汽车、飞机、船舶、机车、雷达、机床以及矿山、冶金、农业、工程、地质、轻纺等机械仪器仪表上。

滚动轴承已实现国际标准化，其种类很多，但结构大致相同，一般由内圈、外圈、滚动体和保持架组成（见图2-37）。内圈与轴配合，并与轴一起旋转；外圈与轴承座配合，起支撑作用；滚动体均匀地分布在内圈和外圈之间，其形状大小和数量直接影响着滚动轴承的使用性能和寿命；保持架使滚动体均匀分布，防止滚动体脱落，引导滚动体旋转，并起润滑作用。

滚动轴承起支承轴及轴上零件的作用，并保持轴的正常工作位置和旋转精度，使用维护方便，工作可靠，启动性能好，在中等速度下承载能力较高。与滑动轴承比较，滚动轴承的径向尺寸较大，减振能力较差，高速时寿命短，声响较大。

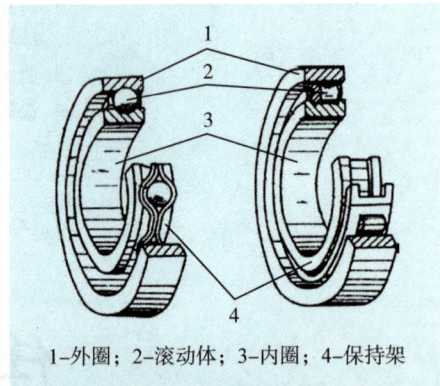

1-外圈；2-滚动体；3-内圈；4-保持架

图2-37　滚动轴承

二、滚动轴承的结构形式

滚动轴承按其承载特性可分为：向心轴承（深沟球轴承）、推力轴承（推力球轴承）、向心推力轴承（角接触球轴承）。

滚动轴承按其结构形式可分为：不可分离型（深沟球轴承）、分离型（圆锥滚子轴承）。

滚动轴承基本类型代号见表2-7。

表2-7　滚动轴承基本类型代号

类型代号	轴承类型	类型代号	轴承类型
0	双列角接触球轴承	6	深沟球轴承
1	调心球轴承	7	角接触球轴承
2	调心滚子轴承	8	推力圆柱滚子轴承
3	圆锥滚子轴承	N	圆柱滚子轴承
4	双列深沟球轴承	U	外球面球轴承
5	推力球轴承	QJ	四点接触球轴承

常用滚动轴承结构特点及应用见表2-8。

表 2-8　常用滚动轴承结构特点及应用

轴承类型	结构特点	应用
深沟球轴承		深沟球轴承结构简单、使用方便，是应用范围最广的一类滚动轴承，主要用于承载径向载荷。此类轴承为不可分离型轴承，只能进行整体安装与拆卸。其摩擦系数较小，极限转数较高，因此广泛应用于各类机械作业中，是国产量最高、使用最普遍、最经济的一类轴承
圆锥滚子轴承		圆锥滚子轴承主要用于承载径向载荷为主的径向与轴向联合载荷。此类轴承为分离型轴承，其内圈和外圈可分别安装、拆卸。在安装和使用过程中，可调整轴承的径向间隙和轴向间隙，也可预过盈安装。广泛应用于大型机床主轴、大功率减速器、车轴轴箱以及轧钢机支撑辊和工作辊上
推力球轴承		推力球轴承也属于分离型轴承，只能承载轴向载荷，且极限转速较低，常用于立式钻床、车床顶针座、机床主轴、汽车离合器、千斤顶、阀门、起重机等机械中

三、滚动轴承的装拆

1. 装配前的准备

在安装轴承前，必须确保安装表面和安装环境清洁。如果轴承内进入异物，会导致运转时产生噪声与振动，甚至损坏零件。安装前应仔细检查轴和外壳的配合表面、凸肩的端面、沟槽和连接表面的加工质量。所有配合连接表面必须仔细清洗并除去毛刺，铸件未加工表面必须将型砂清除干净。

一般轴承表面涂有防锈油，应使用煤油清洗干净，再涂以润滑脂使用，可减小工作时震动、噪音，并提高轴承使用寿命。润滑脂填充量为轴承及轴承箱容积的30% ~ 60%。带密封结构的轴承已填充好润滑脂，不必进行清洗。

在安装准备工作没有完成前，一般不打开包装，以免污染。安装轴承前，应在轴和外壳配合面涂机械油以防锈。

2. 滚动轴承的装配

　　滚动轴承转动的座圈比不转动的座圈装配较紧，所以安装前要查阅图纸，确定内圈或外圈哪个转动，以免出现问题。装配压力应直接作用于紧配合的套圈端面上，避免通过滚动体传递压力。轴承的安装方法因轴承类型及配合条件而异，由于一般多为轴旋转，因此内圈与外圈可分别采用过盈配合与间隙配合；而外圈旋转时，则外圈采用过盈配合。

　　（1）不可分离型轴承的装配。以深沟球轴承为例，装配时，应按座圈配合松紧程度决定其安装顺序。当内圈与轴配合较紧、外圈与孔配合较松时，应先将轴承装在轴上；反之，则应先将轴承压入孔中；当轴承内圈与轴，外圈与壳体孔都是过盈配合时，应把轴承同时压在轴上和孔中。如先安装内圈，装配力应直接作用在内圈上；安装外圈时，装配力应直接作用在外圈上。内外圈同时装配时，装配力应同时作用在内、外圈上。

　　安装时一般采取压合法压入轴承（见图2-38），可使用专用套筒；当配合过盈量较小时，可用锤击法敲入轴承（见图2-39）。锤击时应注意均匀用力，严禁用锤头直接敲击轴承座圈。

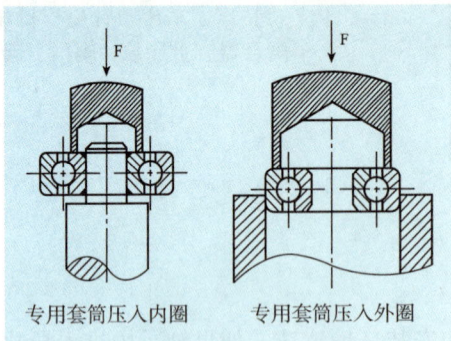

专用套筒压入内圈　　专用套筒压入外圈

图2-38　压合法安装轴承

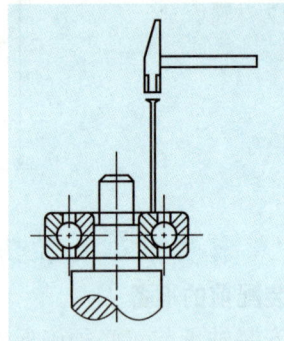

图2-39　锤击法安装轴承

　　（2）分离型轴承的装配。以圆锥滚子轴承为例，装配时，内圈与滚动体一同装在轴上，外圈装在孔内。当使用锤击法装配时，要保证轴承内外圈位置对正，保持平稳，再行均匀敲击。

　　装配后，圆锥滚子轴承的间隙可以通过改变轴承内圈、外圈的相对轴向位置调整（见图2-40），调整方法可使用垫圈调整、螺钉调整、螺母调整、内隔圈调整等。

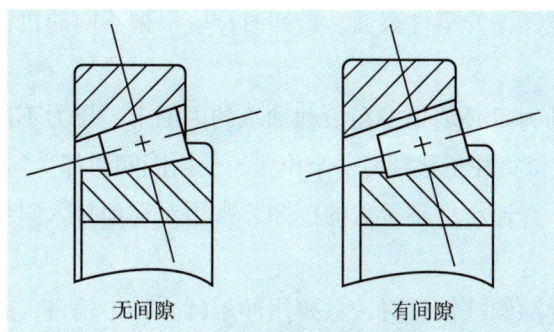

图2-40 圆锥滚子轴承间隙

（3）推力球轴承的装配。推力球轴承有紧圈和松圈之分，装配时要注意区分。紧圈的内孔比松圈小，装配时应与轴肩靠紧，工作中与轴一起旋转。松圈则与轴有间隙，靠在轴承座孔的端面上。如果装反，会导致紧圈与轴或轴承座孔端产生剧烈摩擦，造成配合零件迅速磨损。其间隙一般可用螺母调整。

轴承安装结束后，为了检查安装是否正确，要进行运转检查，小型机械可以用手旋转确认是否旋转顺利。首先用手旋转轴或轴承箱，若无异常，便以动力进行无负荷、低速运转，然后视运转情况逐步提高旋转速度及负荷，并检测噪声、振动及温升，发现异常，应停止运转并检查。因大型机械不能手动旋转，所以无负荷启动后立即关掉动力，进行惯性运转，检查有无振动、声响、旋转部件是否有接触等等，确认无异常后进入动力运转。动力运转应从无负荷、低速开始，慢慢地提高至所定条件的额定运转。试运转中应检查是否有异常声响、轴承温度的转移、润滑剂的泄漏及变色等。在试运转时如果发现异常，应立即中止运转，检查机器，必要时要卸下轴承检查。

3. 滚动轴承的拆卸

轴承与轴为紧配合、与座孔为较松配合时，可将轴承与轴一起从壳体中拆出，然后用压力机或其他拆卸工具将轴承从轴上拆下。

（1）外圈的拆卸。拆卸过盈配合的外圈，可事先在外壳的圆周设置几处外圈挤压螺杆用的螺孔，一边均等地拧进螺杆，一边拆卸。这些螺杆孔平常盖上盲塞，圆锥滚子轴承等的分离型轴承，在外壳挡肩上设置几处切口，使用垫块，用压力机拆卸，或轻轻敲打着拆卸。

（2）用击卸法拆卸。击卸是一种最简单、最常见的拆卸方法。击卸常用钳工手锤，其质量为0.5~1kg；有时也用木槌、铜锤或大锤。另外，击拆还常用冲子和垫块。冲子用钢料制成，受锤击的顶部加工成球形，使锤击的力量保持在冲子的中心点，与工件接触的一端通常镶以软金属，如铜、铝等，并做成平的或适合工件的形状，以保护工件表面不受损伤。工地上一般常用紫铜棒代替冲子。锤击时常用软金属铜、铝块或木块作垫块，以保护被锤击的零件表面。击卸时，应根据不同的机件结构采取不同的方法和步骤。

拆卸时，锤击的力量必须集中在滚动轴承的内圈上，用力不能太大、太猛，而且每打击一次后，就应该将冲子移到另一个位置，使内圈四周都受到均匀的打击力。

轴承盖的击卸：普通小型轴承盖的拆卸，常用对称地打入斜垫的办法，将轴承盖打开。

销钉的击卸：拆除圆柱销钉时，只要用冲子猛力冲击销钉，就可将销钉从孔中打出。拆除圆锥销钉时，必须注意冲击方向，应从圆锥的细端向粗端冲。当遇到销钉弯曲或其他损坏情况而冲不出来时，可用钻头钻掉销钉，但选用的钻头直径应比销钉直径小 0.55 mm，以免钻伤孔壁。

（3）用压卸和拉卸法拆卸。压卸和拉卸比击卸有很多优点，如果施力均匀，力的大小和方向不仅容易控制，而且也能够拆卸过盈量较大的零部件，并且损坏零件的机会较少，但是，压卸和拉卸需要相应的设备和工具。用压力机将轴承从轴上压出时，要特别注意垫块的使用方法，垫块应抵住内圈。使用顶拔器拉卸轴承时，拉杆所加的拉力应当加在轴承内圈上，在结构特殊、无法拉住内圈时，也可以拉住外圈。

任务功能评价（25分）		
序号	功能评价	成绩
1	装配后，滚动轴承试运转是否出现噪声、振动及温升等异常现象	
2	轴承间隙是否符合规定要求	
	分项得分	

任务外观评价（15分）		
序号	外观评价	成绩
1	各部件是否完全拆卸	
2	各零件安装是否正确、合理	
3	各零件有无损坏或丢失	
	分项得分	

任务过程评价（60分）

序号	项目描述	评分标准	分值	成绩
1	正确选取和使用装拆工、量具	1. 工量具选取不正确，每件扣 1 分； 2. 工量具使用不当，每件扣 1 分	8	

续表

2	拆卸工作流程是否正确	拆卸工作流程不合理，每处扣 3 分	16	
3	装配工作流程是否正确	装配工作流程不合理，每处扣 3 分	16	
4	装配调试	1. 安装错、漏零件，每处扣 2 分； 2. 零件安装不牢靠、松动，每处扣 2 分； 3. 缺少必要的保护环节，每处扣 2 分； 4. 调试方法不正确，扣 2 分	12	
5	安全文明生产	1. 每违反一次《安全操作规程》，扣 2 分； 2. 环境卫生差，扣 2 分； 3. 造成零部件或工量具损坏，每件扣 2 分； 4. 发生安全事故取消考试资格	8	
总评		分项得分		
		签字：	年　月　日	

项目三

装配工艺基础

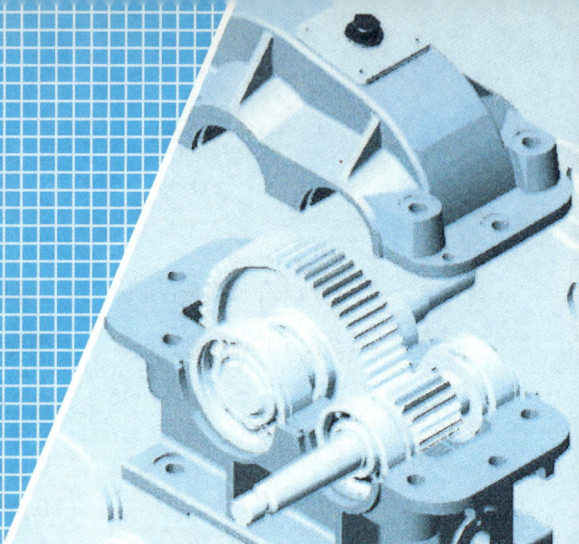

◀ 学习目标

知识目标:

1. 掌握装配工艺规程的作用和机械装配工作的基本内容。
2. 熟悉不同生产类型装配工艺的特征,能够合理选择装配方法。

技能目标:

1. 能编制装配工艺规程。
2. 会确定和计算装配尺寸链。

◀ 项目导入

　　图 3-1 是 CA6140 车床组成示意图。由图可知,车床主轴箱是由床身、主轴箱、溜板箱、进给箱、尾座等多个零件和部件组装而成的。这些零部件装配的顺序是什么? 装配技术要求是什么? 装配需要使用什么类型的工具、量具、工装设备? 本项目将带领大家一起去认识学习。

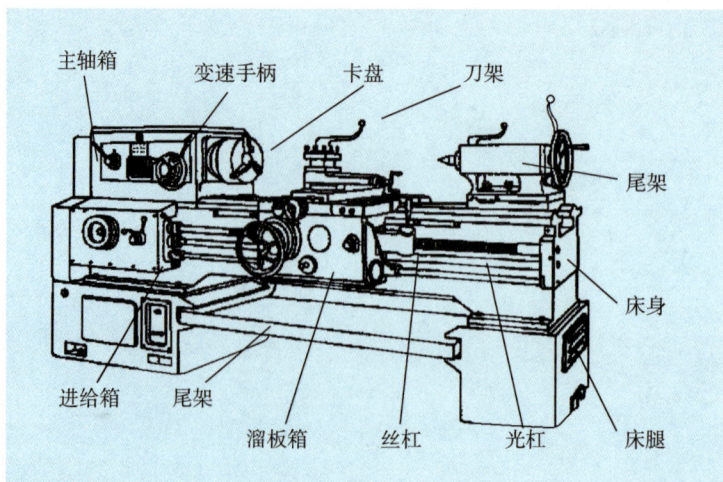

图 3-1　CA6140 车床

任务一 选择装配方法

工作任务	选择装配方法
任务描述	任何机器都是由许多零件和部件组成的。按照一定的精度要求标准和技术要求，将若干零件接合成部件，或将若干零件和部件接合成机器的工艺过程叫装配。前者叫部装，后者叫总装。 本任务着重介绍了机械装配方法的选择，为后面学习拆装的内容打下基础
学习目标	技能点： 能够根据不同的需求，选择相应的装配方法。 知识点： 1. 掌握机械装配的方法； 2. 了解装配的基本内容； 3. 了解最新的装配技术

一、装配工作技术要求

1. 装配工作基本内容

（1）清洗。机械装配过程中，零、部件的清洗对保证产品的装配质量和延长产品的使用寿命均有重要的意义。清洗的目的是去除零件表面或部件中的油污及机械杂质。清洗方法有擦洗、浸洗、喷洗和超声波清洗等。常用的清洗液有煤油、汽油、碱液及各种化学清洗液等。

（2）连接。在装配过程中有大量的连接工作，连接的方式一般有两种：可拆卸连接和不可拆卸连接。

可拆卸连接在装配后可以很容易拆卸而不致损坏任何零件，且拆卸后仍可重新装配在一起。常见的可拆卸连接有螺纹连接、键连接和销连接等。

不可拆卸连接在装配后一般不再拆卸，如要拆卸会损坏其中的某些零件。常见的不可拆卸连接有焊接，铆接和过盈连接等。

（3）校正与配作。在产品装配过程中，特别在单件小批生产条件下，为了保证装配精度，常需进行一些校正和配作。这是因为完全靠零件精度来保证装配精度往往是不经济的，有时甚至是不可能的。

校正是指产品中相关零、部件间相互位置的找正，找平并通过各种调整方法以保证达到装配精度要求；配作是指两个相配合的零件配着加工如：配钻、配铰、配刮及配磨等，配作是和校正调整工作结合进行的。

（4）平衡。对于转速较高，运转平稳性要求高的机械，为防止使用中出现振动，装配时，应对其旋转零、部件进行平衡。

平衡有静平衡和动平衡两种方法。对于直径较大、长度较小的零件（如带轮和飞轮等），一般只需进行静平衡；对于长度较大的零件（如电机转子和机床主轴等），则需进行动平衡。

对旋转体的不平衡量可采用钻、铣、磨、锉、刮等方法去除质量；用补焊、铆接、胶接、喷涂、螺纹连接等方式加配质量；在预设的平衡槽内改变平衡块的位置和数量（如砂轮的静平衡）。

（5）验收试验。机械产品装配完后，应根据有关技术标准和规定，对产品进行较全面的检验和试验工作，合格后才准出厂。

2. 机械产品装配精度

机器的质量主要取决于结构设计、零件质量及其装配精度。机器的装配精度包括以下三个方面。

（1）相互距离精度。相互距离精度是指相关零部件间的距离尺寸的精度，包括间隙、配合要求。例如，卧式车床前后两顶尖对床身导轨的等高度。

（2）相互位置精度。装配中的相互位置精度是指相关零部件间的平行度、垂直度、同轴度及各种跳动等。例如台式钻床主轴轴线对工作台台面的垂直度。

（3）相对运动精度。相对运动精度是指产品中有相对运动的零、部件在运动方向和相对速度上的精度，包括回转运动精度、直线运动精度和传动链精度等。

此外，装配精度还包括接触精度要求，例如齿轮啮合、锥体配合以及导轨之间的接触精度要求等。

二、装配方法的选择

合理选择装配方法是制定装配工艺的核心问题。根据产品结构特点、生产类型和生产条件等，机器装配中常用的装配方法有互换法、选择法、修配法和调整法。

1. 互换装配法

互换装配法是在装配过程中，零件互换后仍能达到装配精度要求的装配方法。产品采用互换装配方法时，装配精度主要取决于工件的加工精度，装配时不经任何调整和修配，就可以达到装配精度。互换法的实质就是通过控制零件的加工误差来保证产品的装配精度。

根据零件的互换程度不同，互换法又分为完全互换装配法和大数互换装配法（又称部分互换法）。

（1）完全互换装配法。机器中每个零件不需经过挑选、改变大小或位置，装配后即可达到规定的装配精度要求的一种装配方法。

完全互换法装配质量稳定可靠；装配过程简单、生产率高；易于实现装配机械化、自动化；便于组织流水作业和各零、部件的协作与专业化生产；有利于产品的维护和各零、部件的更换。

但当相关零件的数目较多，装配精度要求又较高时，零件难以按经济精度加工。因此，完全互换法常用于高精度的少环尺寸链或低精度的多环尺寸链的大批大量生产装配中。

（2）大数互换装配法。装配时各组成零件不需挑选或改变其大小、位置，装入后即能达到装配精度要求，但少数产品有出现废品的可能性，这种方法称为大数互换装配法（部分互换法）。

大数互换装配法实质是放宽尺寸链各组成环的公差，以利于零件的经济加工。但是，由于零件公差比完全互换法大，装配时将产生极少量的不合格产品。该方法适用于大批大量生产，组成环较多、装配精度要求有较高的场合。

2. 选择装配法

选择装配法是将尺寸链中组成环的公差放大到经济加工精度，然后选择合适的零件进行装配，保证装配精度要求的方法。这种装配方法常应用于装配精度要求高，且组成环数又较少的成批或大批量生产中。选择装配法一般分为直接选配法、分组选配法和复合选配法三种。

（1）直接选配法。直接选配法是由装配工人凭经验从许多待装配的零件中，直接挑选合适的零件进行装配的方法。优点是装配精度高，但对工人的技术水平和经验依赖性高，装配时间不易准确控制，因此不宜用于生产节拍要求较严的大批量流水作业中。

（2）分组选配法。分组选配法是将产品各配合副的零件按实测尺寸分组，装配时按组进行互换装配，达到装配精度的方法。由于同组内零件可以互换，所以这种装配方法可以降低对组成环的加工精度要求，而不降低装配精度。缺点是增加了测量、分组和配套工作量，当装配组成环数量较多时，工作会变得很复杂。因此，分组选配法适用于成批或大量生产中装配精度要求较高、尺寸链组成环很少的情况。

（3）复合选配法。复合选配法是分组选配法与直接选配法的复合，即零件加工后预先测量分组，装配时再在各对应组内由工人进行适当选配。该方法的特点是配合件公差可以不相等，装配速度较快、质量高、能满足一定的生产节拍要求。

3. 修配装配法

修配装配法是在装配时修去指定零件上预留的修配量以达到装配精度的方法，简称修配法。采用修配法时，尺寸链中各尺寸均按经济加工精度制造。为了达到规定的装配精度，必须对尺寸链中指定的组成环零件进行修配，以补偿超差部分的误差，这个组成环叫做修配环，也称补偿环。

（1）单件修配法。在多环装配尺寸链中，选择某一固定的零件作为修配件（即补偿环），装配时对该零件进行补充加工来改变其尺寸，以保证装配精度的要求。

（2）合并加工修配法。将两个或更多的零件合并在一起后再进行加工修配，如图3-2所示。车床尾座装配时，把尾座体2的底面和底板3的配合平面加工好，然后把件2、件3装配为一体，放置在床身导轨上。以底板底面为定位基准，加工尾座的套筒。这种方法由一般多应用在单件小批生产的装配场合。

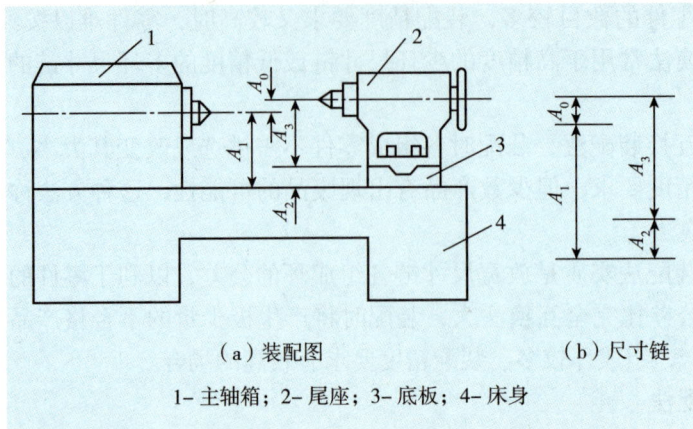

（a）装配图　　　　　　　（b）尺寸链

1- 主轴箱；2- 尾座；3- 底板；4- 床身

图3-2　主轴箱主轴中心与尾座套筒中心等高示意图

4. 调整装配法

调整装配法与修配法的实质相同，即各零件公差仍按经济精度的原则来确定，并且仍选择一个组成环为调整环（此环的零件称为调整件），但在改变补偿环尺寸的方法上有所不同，修配法采用机械加工的方法去除补偿环零件上的金属层；调整法采用改变补偿环零件的位置或更换新的补偿环零件的方法来满足装配精度要求。两者的目的都是补偿由于个组成环公差扩大后所产生的累积误差，以最终满足装配要求。

常见的调整方法有固定调整法、可动调整法、误差抵消调整法三种。

（1）固定调整法。在装配尺寸链中，选择某一零件为调整件，根据各组成环形成累积误差的大小来更换不同尺寸的调整件，以保证装配精度要求即为固定调整法。常用的调整件有轴、套、垫片、垫圈等。

采用固定调整法时要解决以下三个问题：①选择调整范围；②确定调整件的分组数；③确定每组调整件的尺寸。

（2）可动调整法。采用改变调整件的相对位置来保证装配精度的方法称为可动调整法。比如车床小滑板上通过调整螺钉来调节镶条的位置来保证轨道配的副合间隙。

（3）误差抵消调整法。产品或部件装配时，通过调整有关零件的相互位置，使其加工误差相互抵消一部分，以提高装配精度的方法称为误差抵消调整法。

三、不同生产类型装配工艺特点

生产类型决定了装配工作的组织形式、工艺方法、工艺过程、工艺装备等。不同生产类型装配工艺特点（见表3-1）。

表 3-1　各种生产类型装配工作的特点

生产类型	大批大量生产	成批生产	单件小批产
基本特征	产品固定，生产活动长期重复，生产周期一般较短	产品在系列化范围内变动，分批交替投产或多品种同时投产，生产活动在一定时期内重复	产品经常变换，不定期重复生产，生产周期一般较长

续表

生产类型		大批大量生产	成批生产	单件小批产
装配工作特点	装配形式	多采用流水装配线，有连续移动、间歇移动及可变节奏移动等移动方式；还可采用自动装配机或自动装配线	笨重、批量不大的产品多采用固定流水装配，批量较大时采用流水装配，多品种平行投产时多采用可变节奏流水装配	多采用固定装配或固定式流水装配进行总装，对批量较大的部件亦可采用流水装配
	装配工艺方法	按互换法装配，允许有少量简单的调整，精密偶件成对供应或分组供应装配，无任何修配工作	主要采用互换法，但灵活运用其他保证装配精度的装配工艺方法，如调整法、修配法及合并法，以节约加工费用	以修配法及调整法为主，互换件比例较少
	工艺过程	工艺过程划分很细，力求达到高度的均衡性	工艺过程的划分须适合批量的大小，尽量使生产均衡	一般不制订详细工艺文件，工序可适当调度，工艺也可灵活掌握
	工艺装备	专业化程度高，宜采用专用高效工艺装备，易于实现机械化、自动化	通用设备较多，但也采用一定数量的专用工、夹、量具，以保证装配质量和提高工效	一般为通用设备及通用工、夹、量具
	手工操作要求	手工操作比重小，熟练程度容易提高，便于培养新工人	手工操作比重较大，技术水平要求较高	手工操作比重大，要求工人有高的技术水平和多方面工艺知识
应用实例		汽车、拖拉机、内燃机、滚动轴承、手表、缝纫机、电气开关	机床、机车车辆、中小型锅炉、矿山采掘机械	重型机床、重型机器、汽轮机、大型内燃机、大型锅炉

四、自动化装配

现代化生产的工艺过程趋于复杂化，产品技术要求趋于高精度，因此装配自动化越来越成为了制造业的关键技术。目前，装配自动化技术已发展到一个较高的水平，它与控制技术、网络通信技术和人工智能技术相结合，大大地提高了产品的装配质量和稳定性，减少了装配过程中人为因素造成的质量缺陷，并在提高生产率、降低成本，降低工人劳动强度，保证操作安全等方面展现出强劲的发展势头，如图3-3所示，为汽车生产的工艺过程。

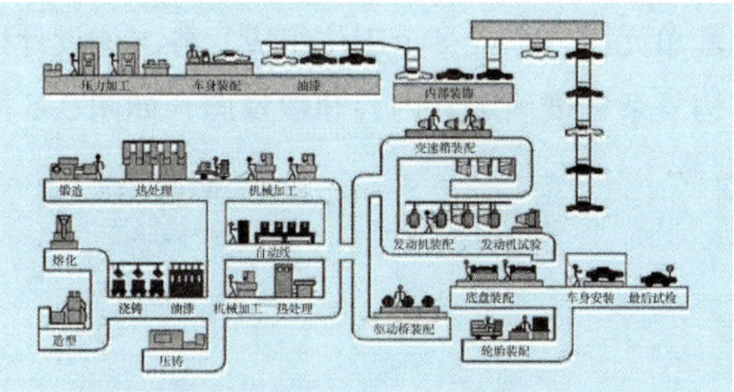

图3-3 汽车生产过程

1. 装配自动化基本内容

机械装配自动化主要包括自动传送、自动给料、自动装配和自动控制几个方面。

按照基础件在装配工位间的传送方式不同，装配机（线）的结构可分为回转式和直进式两大类。

回转式结构较简单，定位精度易于保证，装配工位少，适用于装配零件数量少的中小型部件和产品。基础件可连续传送或间歇传送，间歇传送时，在基础件停止传送时进行装配作业，如图 3-4 所示为回转式装配线。

直进式的结构比回转式复杂，装配工位数不受限制，调整较灵活，占地面积大，基础件一般间歇传送。按照间歇传送的节拍又分为同步式和非同步式。

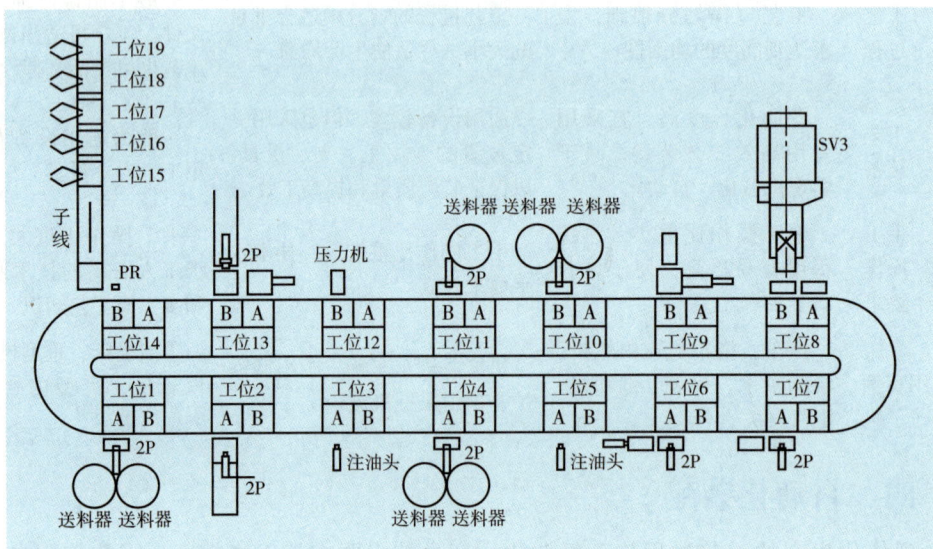

图3-4 回转式自动装配线

自动装配系统由装配过程的物流自动化、装配作业自动化和信息流自动化等子系统组成，按主机的适用性可分为两大类。一是根据特定产品制造的专用自动装配系统或专用自动装配线；二是具有一定柔性范围的程序控制的自动装配单元。

通常专用自动装配单元由一个或多个工位组成，各工位设计以装配机整体性能为依据，结合产品的结构复杂程度确定其内容和数量图，如图 3-5 所示为机床自动装配单元。

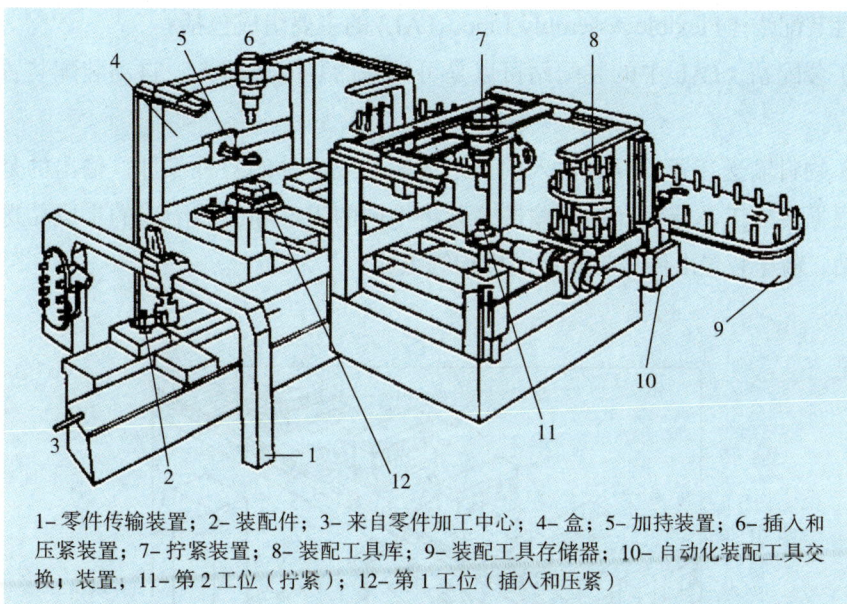

1- 零件传输装置；2- 装配件；3- 来自零件加工中心；4- 盒；5- 加持装置；6- 插入和压紧装置；7- 拧紧装置；8- 装配工具库；9- 装配工具存储器；10- 自动化装配工具交换装置；11- 第2工位（拧紧）；12- 第1工位（插入和压紧）

图3-5　机床自动装配单元

2. 自动装配线

如果产品或部件复杂，需要在几台装配机上完成装配，就需要将装配机组合形成自动装配线。

装配基础件在工位间的传送方式有连续传送和间歇传送两类。连续传送中，工位上的装配工作头也随之同步移动；间歇传送中，装配基础件由传送装置按生产节拍进行传送，停留在工位上进行装配，完成作业后传送至下一工位。目前，除小型简单工件装配中有所采用连续传送外，一般都使用间歇传送方式。

图3-6是发动机飞轮的装配过程。飞轮被间歇式传送装置12传送到KUKA机器人6的抓取工位1，发动机5被传送系统7传送到机器人6的工作区。插装设备2从振动送料器的出口抓取螺栓插入飞轮的螺栓孔，机器人6借助于机械手3从传送装置上抓取飞轮移动到飞轮的安装孔与轴头中心对准并推入。螺栓安装工作头4旋紧螺栓，把飞轮紧固在发动机5的轴头上，然后机器人手臂回到起点位置，重复下一个工作循环。为了保证安装孔的准确定位，摄像头9用来扫描轴头的位置，摄像头将信号传送到控制单元10，控制系统8、11通过计算确保飞轮的安装孔与发动机轴头同轴。

3. 柔性装配系统（Flexible Assembly System，FAS）

柔性制造是指制造系统对系统内部及外部环境的一种适应能力，也指制造系统能够适应产品变化的能力。

柔性装配系统一般由装配机器人系统、灵活的物料搬运系统、零件自动供料系统、工具自动更换装置及工具库、视觉系统、基础件系统、控制系统和计算机管理系统等组成，通常有两种型式：一是模块积木式柔性装配系统；一是以装配机器人为主体的可编程柔性装配系统。

柔性装配线（Flexible Assembly Line，FAL）的主要组成包括：

（1）装配站。FAL中的装配站可以是可编程的装配机器人、自动装配装置或人工装配工位。

（2）物料输送装置。FAL输入的是组成产品或部件的各种零件，输出的是产品或部件。根据装配工艺流程，物料输送装置将不同的零件和已装配成的半成品送到相应的装配站。输送装置由传送带和换向机构等组成。

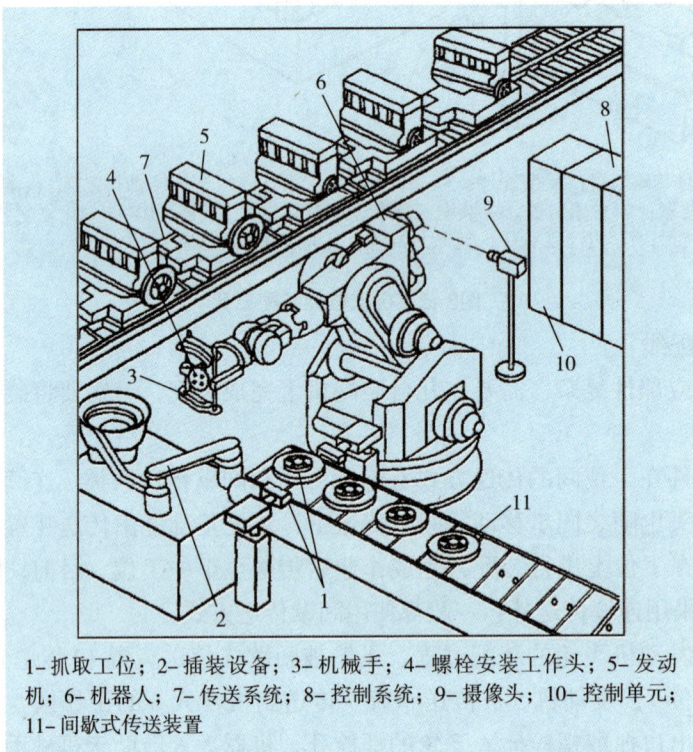

1- 抓取工位；2- 插装设备；3- 机械手；4- 螺栓安装工作头；5- 发动机；6- 机器人；7- 传送系统；8- 控制系统；9- 摄像头；10- 控制单元；11- 间歇式传送装置

图3-6　汽车发动机飞轮的自动化装配线

（3）控制系统。图3-7是柔性装配线示意图，由无人驾驶输送装置1、传送带2、双臂机器人3、装配机器人4、上螺栓机器人5、自动装配站6、人工装配工位7和投料工作站8等组成。投料工作站中有料库和取料机器人。料库有多层重叠放置的盒子，这些盒子可以抽出，也称之为抽屉，待装配的零件存放在这些盒子中。取料机器人有各种不同的夹爪，它可以自动地将零件从盒子中取出，并摆放在一个托盘中。盛有零件的托盘由传送带自动地送往装配机器人或装配站。

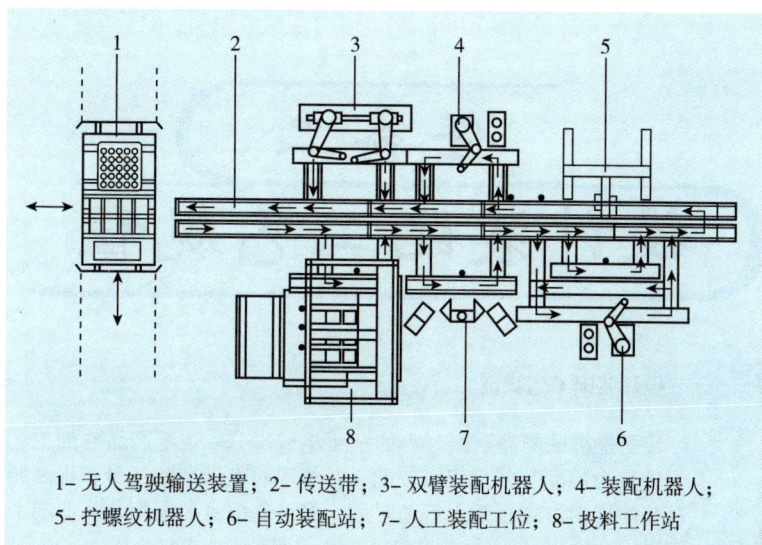

1– 无人驾驶输送装置；2– 传送带；3– 双臂装配机器人；4– 装配机器人；
5– 拧螺纹机器人；6– 自动装配站；7– 人工装配工位；8– 投料工作站

图3–7　柔性装配线示意图

柔性装配系统能够适应产品的频繁更换，适用于中小批量生产。随着科学技术的不断发展和自动化程度的不断提高，柔性装配系统的应用将越来越普及，装配过程转向柔性计算机控制已成必然趋势。

任务评价（100分）

序号	项目描述	评分标准	分值	成绩
1	能正确的指出装配工作的基本内容	缺少一项内容扣 5 分	25	
2	掌握装配的方法	能正确说出每项装配的特点，缺少一项扣 10 分	40	
3	各种生产类型装配工作的特点	1. 能区分生成类型，缺一项扣 5 分；2. 能够理解各生产类型的装配特点，缺少一项扣 5 分	25	
4	能够积极参与活动内容	是否活动积极	10	
总评		总分		
		签字：	年　月　日	

任务二
设计装配工艺规程

工作任务	设计装配工艺规范
任务描述	装配是机械产品制造过程的重要组成部分。规定产品装配工艺过程的技术文件称为装配工艺规程。装配工艺规程对保证装配质量、提高装配效率、缩短装配周期、减轻工人劳动强度、缩小装配占地面积、降低成本等都有重要作用。 　　本任务着重介绍了装配的工艺规程，以及如何制定装配规程，并能够制定装配工序卡
学习目标	技能点： 能够合理的设计装配过程。 知识点： 1.掌握装配的工艺规程； 2.掌握制定装配规程的方法； 3.能够制定零件的装配过程，并填写装配工序卡

一、装配工艺规程主要内容

1.装配过程

为了便于装配，通常将机器分成若干个独立的装配单元（见图3-8）。装配单元划分为五个等级，即零件、套件、组件、部件和机器。

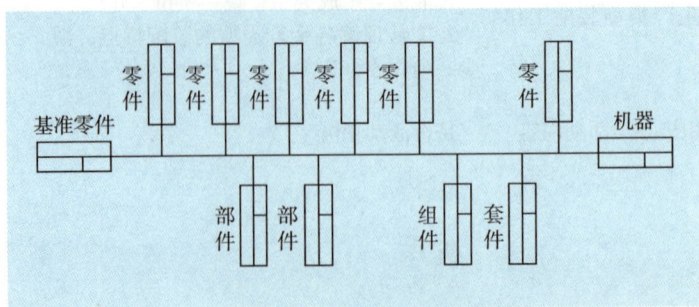

图3-8　机器装配系统图

（1）套件。在一个基准零件上装上一个或若干个零件，就构成一个套件；为套件而进行的装配工作称为套装，如图3-9所示为套件装配系统图和实例。

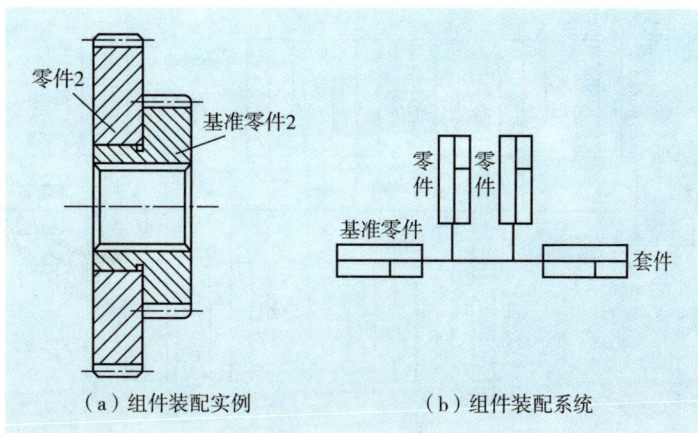

（a）组件装配实例　　　　（b）组件装配系统

图3-9　套件装配

（2）组件。在一个基准零件上装上若干个套件及零件，就构成一个组件。为组件而进行的装配工作称为组装，如图3-10所示为组件装配系统图。

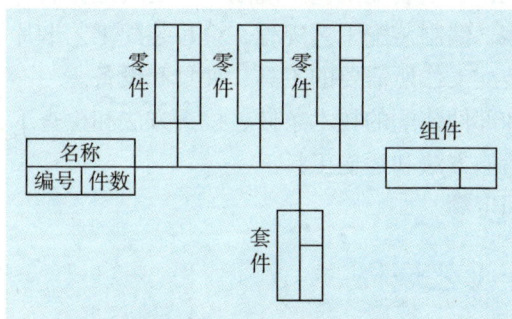

图3-10　组件装配系统图

（3）部件。在一个基准零件上装上若干个组件、套件及零件，就构成一个部件。为形成部件而进行的装配工作称为部装，如图3-11所示为部件装配系统图。

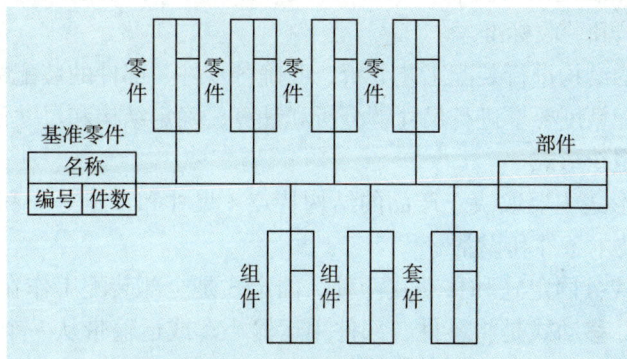

图3-11　部件装配系统

（4）总装。在一个基准零件上装上若干个部件、组件、套件及零件，并最终装配成机器，称为总装。如图3-12所示为机器装配系统图。

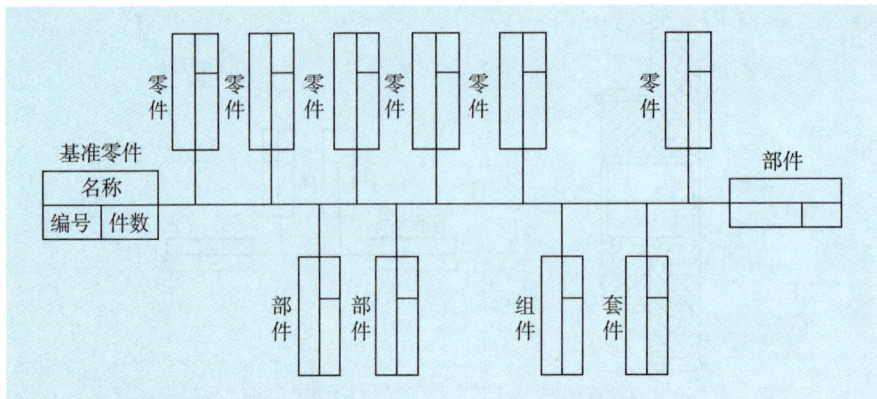

图3-12　机器装配系统图

2. 装配工艺规程主要内容

（1）确定装配组织形式。

（2）划分装配单元，编制装配工艺系统图，确定装配方法。

（3）拟定装配顺序，编制装配工艺规程，填写装配工艺卡片。

（4）选择和设计装配工作所需要的工具、夹具和设备。

（5）规定总装配和部件装配的技术条件、检查方法和检查工具。

（6）确定合理的运输方法和运输工具。

（7）制定装配时间定额。

二、制定装配工艺规程

为保证产品装配质量，合理安排装配工序，提高装配工作效率，降低装配工作成本，设计装配工艺规程，应按照下述步骤制定装配工艺规程。

1. 产品分析

（1）研究产品装配图和验收技术要求，审核产品图样的完整性、正确性；审核产品装配的技术要求和验收标准。

（2）对产品的结构进行装配工艺分析，明确各零件、部件的装配关系。

（3）根据装配精度要求进行尺寸链分析和计算，确定结构和尺寸设计是否合理。

2. 确定装配组织形式

装配的组织形式主要取决于产品的结构特点（尺寸和重量等）和生产纲领，并应考虑现有的生产技术条件和设备。

装配组织形式分固定式和移动式两种。固定式是全部装配工作在一个或几个固定的工作地点完成。移动式是将零件、部件用运输小车或运输带从一个装配地点移动到下一个装配地点，在每一个装配地点上分别完成一部分装配工作，各装配地点装配工作的总和是产品的全部装配工作。移动式又分间歇移动、连续移动和变节奏移动三种方式（见图3-13）。单件小批量生产或重量大、体积大的批量生产产品多采用固定装配组织形式，批量以上的生产一般采用移动装配的组织形式。

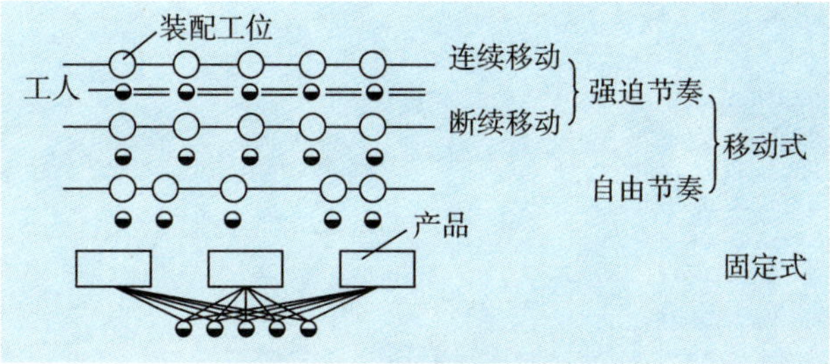

图3-13　装配组织形式

3. 拟定装配工艺过程

（1）划分装配单元。根据所装配机器的具体结构和技术要求，划分各层次装配单元，画出装配系统合成图。机器装配系统合成图，如图3-14所示。

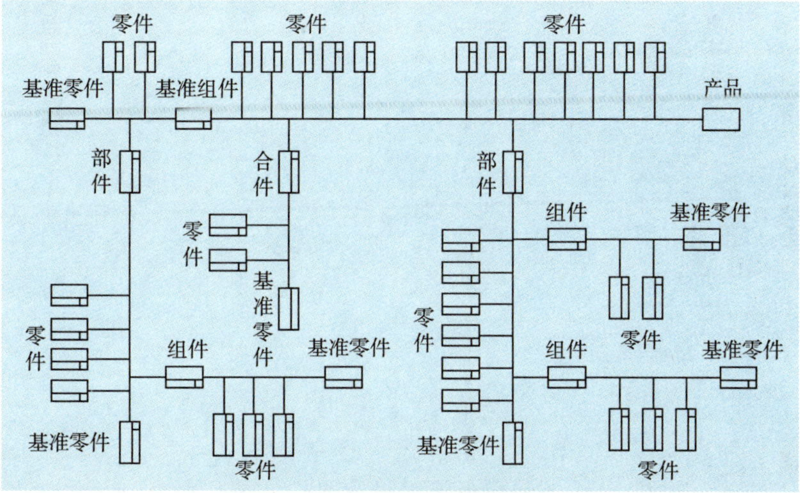

图3-14　机器装配系统合成图示例

（2）确定装配顺序。各级装配单元装配时，先要确定一个装配基准件，然后根据具体情况安排其他零件、组件或部件进入装配。如车床装配时，床身是一个基准件，先进入装配，其他的装配单元再依次进入装配。

从保证装配精度及装配工作顺利进行的角度出发，安排装配顺序的一般原则为：先下后上、先内后外，先难后易，先重大后轻小，先精密后一般。

（3）根据产品结构和装配精度的要求，确定各装配工序的具体内容。

（4）确定装配工艺方法及设备。为了进行装配工作，必须选择合适的装配方法及所需的设备、工具、夹具和量具等。当车间没有现成的设备、工具、夹具、量具时，还应提出设计任务书。

（5）确定工时定额及工人的技术等级。目前，装配的工时定额大都根据实践经验估计。

4. 编写装配工艺文件

装配工艺规程中的装配工艺过程卡片见表3-2、表3-3和表3-4是产品装配工序示例卡片。单件小批生产中，一般只编写工艺过程卡，关键工序编写工序卡。生产批量较大时，除编写工艺过程卡之外，还需编写详细的工序卡。

表3-2　装配工艺过程卡片

(厂名)	装配工艺过程卡片	产品型号		部件图号		共　页
		产品名称		部件名称		第　页
工序号	工序名称	工序内容	装配部门	设备及工艺装备	辅助材料	工时定额
			编制（日起）	审核（日起）	会签（日起）	
标记	处数	更改文件号	签字	日期	标记 处数 更改文件号 签字 日期	

表3-3　装配工序卡片（一）

XXXX公司	装配工序卡片	产品型号	102	零件代号		零件名称	102 主体	共　页
		车间	装配	工序号	10	工序名称	清洗	第　页

主要零部件

序号	名称	图号	规格	备注
1	壳体	B-102-01AW-Ⅱ-4		
2	齿轴盖	B-BTY-14-G		
3	缸盖	B-BTY-09-W		
4	滚针轴承	B-102A.0.1-04		
5	调速阀	B-BTY-10-W		

设备	专用清洗机　超声波清洗机　专用清洗机	工艺装备	辅助材料	汽油	工时定额

工步号	工步内容及技术要求
1	根据当日的生产计划领取壳体，按照《壳体清洗作业指导书》要求清洗壳体
2	根据当日的生产计划领取齿轴盖、缸盖，按照《齿轴盖、缸盖清洗作业指导书》清洗齿轴盖、缸盖
3	用汽油将调速阀、滚针轴承清洗后用压缩空气软干净，擦干或自然晾干

编制（日期）	校对（日期）	审核（日期）	会签（日期）	批准（日期）

标记	处数	更改文件号	签字	日期	标记	处数	更改文件号	签字	日期

表3-4 装配工序卡片（二）

XXX公司	装配工序卡片	产品型号	102	零件代号		零件名称	102 主体	共 页
		车间	装配	工序号	20	工序名称	部件组装	第 页

序号	名称	图号	规格	备注
		主要零零件		
1	壳体	B-102-01AW-II-4		
2	调速阀	B-BTY-10-W		
3	密封圈		4×1.5	
4	齿轴盖	B-BTY-14-G		
5	密封圈		11.2×2.65	
6	滚针轴承	B-102A.0.1-04		
7	密封圈		20×1.8	
8	缸盖	B-BTY-09-W		
9	密封圈		22.4×1.8	

设备	工艺装备	辅助材料
	专用工具 电动螺丝刀	
	压轴套夹具	
	工时定额	

注意事项：

1. 装调速阀时，首先将调速阀轻轻旋入调速阀螺纹孔内，保证螺纹副啮合后，再用电动螺丝刀旋紧；
2. 所有密封圈在装配时不允许有扭曲现象；
3. 紧定螺丝须旋到底，有利于厌氧胶有效固化，残留在表面的厌氧胶要擦干净，24小时后进行下道工序

工步号	工步内容及技术要求
1	将清洗好的调速阀装上 4×1.5 密封圈
2	将装有密封圈的调速阀装入清洗好的壳体上 4 个调速阀孔中的 3 个，并预留 1 个调速阀孔在加油工序加油用
3	将适量后的齿轴盖加油用
4	将清洗后的厌氧胶胶滴入壳体紧定螺丝孔内，将紧定螺丝旋入螺丝孔内入齿轴盖孔内 并与端面齐平
5	将规格 20×1.8 密封圈装在齿轴盖上
6	将规格 22.4×1.8 密封圈装在缸盖上

编制（日期）	校对（日期）	审核（日期）	会签（日期）	批准（日期）

标记	处数	更改文件号	签字	日期	标记	处数	更改文件号	签字	日期

任务评价（100分）

序号	项目描述	评分标准	分值	成绩
1	能够正确的区分装配单元	缺少一项内容扣2分	10	
2	能掌握装配工艺规程	缺少一项扣5分	30	
3	能够拟定装配的工艺过程	正确拟定装配工艺过程	20	
4	能够理解装配工序卡的内容	能够填写工序卡	20	
5	能够积极参与活动内容	是否活动积极	20	
总评		总分		
		签字：　　　　　　　年　月　日		

任务三 确定装配尺寸链

工作任务	计算装配尺寸链
任务描述	装配尺寸链是在机器装配中，由相互连接的尺寸形成的封闭的尺寸组合。尺寸链由一个自然形成的尺寸与若干个直接获得的尺寸所组成，并且各尺寸按一定的顺序首尾相接。 　　本任务着重介绍了尺寸链的计算方法，并讲述了现代装配的一些方法
学习目标	技能点： 能够运用尺寸链进行计算。 知识点： 能够掌握尺寸链的组成

一、装配尺寸链的建立

根据组成尺寸链的各尺寸性质，尺寸链可分为装配尺寸链和工艺尺寸链；根据尺寸的空间位置可分为直线尺寸链、平面尺寸链和空间尺寸链。

1. 装配尺寸链的组成

装配尺寸链是由一个封闭环和若干个组成环所构成的封闭图形，如图3-15所示。列入尺寸链中的每一个尺寸均称为尺寸链的环。封闭环是装配后自然形成的尺寸，一般为产品或部件的装配精度要求，如图3-15中的N。

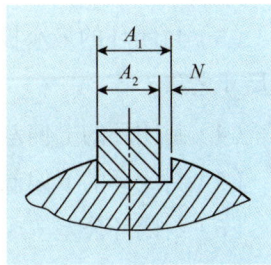

图3-15　键装配尺寸链

装配尺寸链的组成环是指那些对装配精度有直接影响的零件上的尺寸或相互位置关系，如图 3-15 中的 A_1、A_2。组成环分为增环和减环。

增环特征：该环增大引起封闭环增大，该环减小引起封闭环减小，用 $\overrightarrow{A_i}$ 表示。

减环特征：该环增大引起封闭环减小，该环减小引起封闭环增大，则该环为减环，用 $\overleftarrow{A_i}$ 表示。

增环、减环的确定可根据上述特征判别。当尺寸链的组成环数量较多时，可以采用回路法进行判断，即从封闭环开始，按任一方向作一个回路，与封闭环箭头同向者为减环，与封闭环箭头反向都为增环，如图 3-16 所示。

2. 装配尺寸链的建立

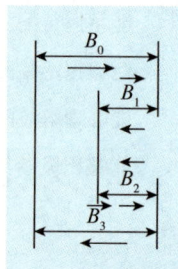

图3-16 回路法判断增减环

运用装配尺寸链去分析和解决装配精度问题，首先要正确地建立装配尺寸链，即正确地确定封闭环，并根据封闭环的要求查明各组成环。

建立尺寸链的具体方法是以封闭环两端的零件作起始点，装配基准面为联系，沿装配精度要求方向，查出对装配要求有影响的相关零件，直至找到同一基准零件或同一基准面上为止，形成一个封闭性的尺寸图，图上的各个尺寸即是组成环。

图 3-17（a）所示为孔轴配合副，要求装配后要有一定的装配间隙 A_0。由图可知，尺寸 A_0 的大小由轴和孔的尺寸决定，是装配后自然形成的尺寸，故是装配尺寸链的封闭环，孔的尺寸 A_1 和轴的尺寸 A_2 是组成环，如图 3-17（b）所示。

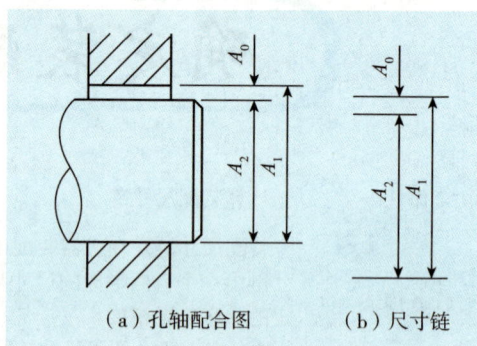

（a）孔轴配合图　（b）尺寸链

图3-17 孔轴配合装配尺寸链

3. 装配尺寸链的极值法计算公式

（1）封闭环基本尺寸 = 所有增环基本尺寸 – 所有减环基本尺寸。

（2）封闭环的最大极限尺寸 = 所有增环的最大极限尺寸之和 – 所有减环的最小极限尺寸之和。

（3）封闭环的最小极限尺寸 = 所有增环的最小极限尺寸之和 – 所有减环的最大极限尺寸之和。

（4）封闭环的上偏差 = 所有增环的上偏差之和 – 所有减环的下偏差之和。

（5）封闭环的下偏差 = 所有增环的下偏差之和 – 所有减环的上偏差之和。

（6）封闭环公差 T_0 = 各组成环公差的代数和。

（7）各环平均公差 = 封闭环公差 / 增环个数 + 减环个数。

二、装配尺寸链的解算

1. 完全互换装配法尺寸链解算

采用完全互换装配法时，装配尺寸链采用极值法计算。即尺寸链各组成环公差之和应小于封闭环公差（即装配精度要求）。其计算步骤如下：

首先，计算封闭环的基本尺寸，定出其上下偏差，然后，计算各组成环的平均公差；其次，选协调环，分配公差，确定偏差；最后，计算协调环的上、下偏差。

例 3-1　如图 3-18 所示的装配关系，齿轮在轴上回转，要求装配后保证齿轮与挡圈之间的轴向间隙为 0.10 ~ 0.35mm。

已知 A_1=30mm、A_2=5mm、A_3=43mm、$A_4=3_{-0.05}^{0}$ mm(标准件)、A_5=5mm。现采用完全装配，试确定各组成环公差和极限偏差。

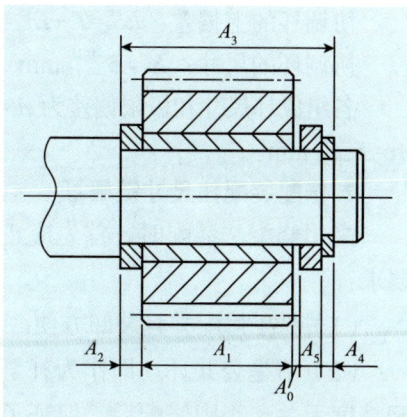

图3-18　齿轮与轴部件装配

解：

（1）画出装配尺寸链，判断增、减环，校验各环基本尺寸装配尺寸链（见图 3-19），其中 A_3 为增环，A_1、A_2、A_4、A_5 为减环。封闭环的基本尺寸为

$$A_0=A_3-(A_1+A_2+A_4+A_5)$$
$$=43-(30+5+3+5)$$
$$=0$$

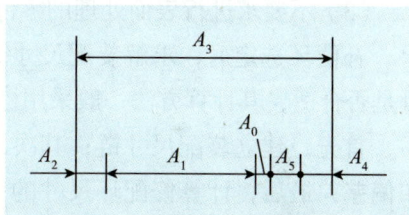

图3-19　齿轮与轴部件装配尺寸链

（2）确定协调环。A_5 是一个挡圈，易于加工，而且其尺寸可以用通用量具测量，因此可作为协调环。

（3）确定各组成环公差和极限偏差，按照"等公差法"分配各组成环公差。

$$\overline{T}=\frac{T_0}{m+n}=0.05\text{mm}$$

参照《公差与配合》国家标准，并考虑各零件加工的难易程度，在各组成环平均公差 $\overline{T}$ 的基础上，对各组成环的公差进行合理的调整。

轴用挡圈 A_4 是标准件，其尺寸为 $A_4=3_{-0.05}^{0}$ mm。其余各组成环的公差按加工难易程度调整如下：$A_1=30_{-0.06}^{0}$ mm，$A_2=5_{-0.02}^{0}$ mm，$A_3=43_{0}^{+0.1}$ mm。

（4）计算协调环公差和极限偏差。

协调环公差：

$$T_5=T_0-(T_1+T_2+T_3+T_4)$$
$$=0.25-(0.06+0.02+0.10+0.05)$$
$$=0.02\text{ mm}$$

协调环的下偏差：

因为

$$ES_0=ES_3-（EI_1+EI_2+EI_4+EI_5）$$
$$0.35=0.1-（-0.06-0.02-0.05+EI_5）$$

所以　$EI_5= -0.12$mm

协调环的上偏差：$ES_5=T_5+EI_5=0.02+（-0.12）=-0.10$mm

协调环的尺寸：$A_5 = 5_{-0.12}^{-0.10}$ mm

各组成环尺寸和极限偏差为 $A_1= 30_{-0.06}^{\ 0}$ mm，$A_2= 5_{-0.02}^{\ 0}$ mm，$A_3= 43_{\ 0}^{+0.1}$ mm，$A_4= 3_{-0.05}^{\ 0}$ mm，$A_5= 5_{-0.12}^{-0.10}$ mm。

2. 修配装配法尺寸链解算

采用修配法装配时，首先应正确选定补偿环。作为补偿环的零件一般应满足以下要求：

（1）易于修配并且装卸方便。

（2）不是公共环。即作为补偿环的零件应当只与一项装配精度有关，而与其他装配精度无关，否则修配后，保证了一个尺寸链的装配精度，但又破坏了另一个尺寸链的装配精度。

（3）不要求进行表面处理的零件，以免修配后破坏表面处理层。

补偿环选定后，求解装配尺寸链的主要问题是如何确定补偿环的尺寸和验算修配量是否合适，其计算方法一般采用极值法。单件修配法解算步骤如下：

首先，建立装配尺寸链；其次，选择修配环；然后，确定其他组成环尺寸的公差和偏差；最后，计算修配环尺寸的上下偏差。验算最大修配量 $F_{max}=T'_0-T_0$ 不可过大，要确保有修配余量，只有 1 个偏差可以用极值法的公式。在计算时，如果修配环的尺寸越修越小应先算其下偏差；如果修配环的尺寸越修越大应先算其上偏差。

例 3-2　图 3-2 所示普通车床尾座装配时，要求尾座中心线比主轴中心线高 0 ~ 0.006 mm。已知 $A_1=160$mm、$A_2=30$mm、$A_3=130$mm，现采用修配法装配，试确定各组成环公差及其分布。

解：

（1）画出装配尺寸链。如图 3-2（b）所示，其中 A_0 是封闭环，A_1 是减环，A_2、A_3 为增环。

按题意有

$$A_0= 0_{\ 0}^{+0.06}\text{ mm}$$

若按照完全互换法的极值公式计算各组成环平均公差

$$\bar{T} = \frac{T_0}{m+n} = \frac{0.06}{3} = 0.02\text{mm}$$

显然，各组成环公差太小，零件加工困难。所以，在生产中常按照经济加工精度规定各组成环的公差，而在装配时采用修配法。

（2）选择补偿环。组成环 A_2 为尾座底板的厚度，底板装卸方便，其加工表面形状简单，便于修配（如刮、磨），故选定 A_2 为补偿环。

（3）确定各组成环的公差及偏差。A_1、A_3 可以采用镗模进行镗削加工，取经济公差 $T_1=T_3=0.1$mm；底板 A_2 因要修配，按半精刨加工，取经济公差 $T_2=0.15$mm。

故得各组成环的尺寸

$A_1=160\pm0.05$ mm；$A_3=130\pm0.05$ mm

按照上面确定的各尺寸公差加工零件，装配时形成的封闭环公差为

$T_0=T_1+T_2+T_3=0.1+0.15+0.1=0.35$mm

显然，这时公差超出了规定的装配精度，需要在装配时对补偿环零件进行修配。

（4）确定补偿环 A_2 的尺寸及偏差。从装配尺寸链可以看出，修配底板 A_2 将使封闭环尺寸减小。若以 A_{00} 表示修配前封闭环的实际尺寸，则修配后 A_{00} 只会变小，且 A_{00} 的最小值不能小于所要求封闭环 A_0 的最小值，即不能小于零。

因为　$EI_{00}=（EI_2+EI_3）-ES_1=EI_0$

代入数据后得

$EI_2=0.1$mm

于是　$A_2=30^{-0.25}_{-0.1}$ mm

（5）算修配量。按照上面确定的各组成环尺寸及偏差对零件进行加工，则在装配时所形成的封闭环极限偏差为：

$ES_{00}=（ES_2+ES_3）-EI_1$

$=（0.25+0.05）-（-0.05）$

$=0.35$mm

$EI_{00}=（EI_2+EI_3）-ES_1$

$=（0.1-0.05）-0.05$

$=0$mm

即此时的封闭环尺寸及偏差是 $A_{00}=0^{+0.35}_0$ mm，显然不满足题中所要求的装配精度 $A_0=0^{+0.06}_0$ mm，需要对补偿环进行修配。在这个例子当中，修配补偿环将使封闭环的尺寸变小，由图 3-20 可以看出，当封闭环获得最小极限尺寸时，则不能再对补偿环进行修配，因此补偿环的最小修配量是 $F_{min}=0$mm，而最大修配量 $F_{max}=0.35-0.06=0.29$mm。

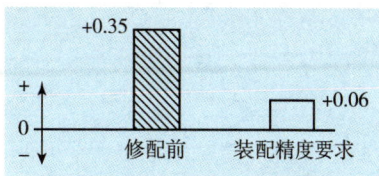

图3-20　公差带示意图

由于补偿环零件 A_2 的修配表面对平面度和表面粗糙度有较高的要求，因此需要保证有最小的修配量 $F_{min}=0.1$ mm，为此需要扩大补偿环零件的尺寸，即

$A_2=30.1^{+0.25}_{+0.1}=30^{+0.35}_{+0.2}$ mm

此时，最大修配量为 $F_{max}=0.29+0.1=0.39mm$，最小修配量为 $F_{min}=0.1mm$。

任务评价（100分）

序号	项目描述	评分标准	分值	成绩
1	能够掌握尺寸链的组成	不能画出装配尺寸链扣全分	30	
2	能够运用尺寸链进行计算	1. 不用使用该方法技术，扣全分； 2. 计算不正确扣 10 分	20	
3	了解修配装配法的方法	不能够理解修配装配方法扣 20 分	20	
4	了解现在的装配方法	能够说出 3 种现在的装配方法及过程，少一种扣 5 分	15	
5	能够积极参与课堂内容	是否活动积极	15	
总评		总分		
		签字：	年 月 日	

项目四

减速器的装拆

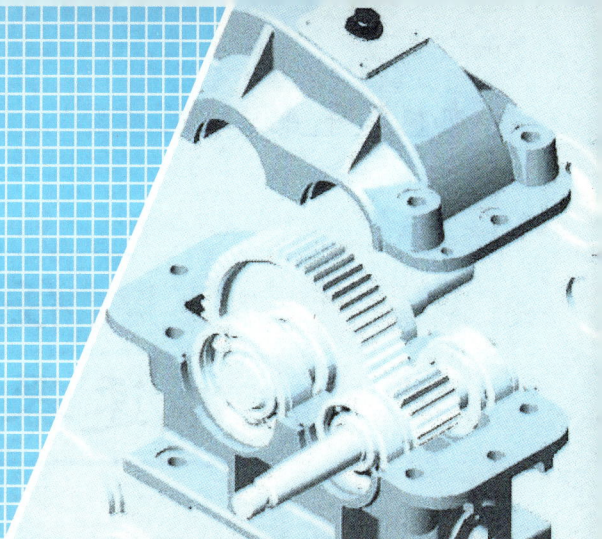

● 学习目标

知识目标：

1. 了解减速器的相关工作原理。
2. 了解减速器的结构。
3. 掌握装拆安全操作规程及基本知识。

技能目标：

1. 能够正确选取和使用拆装工具。
2. 能够根据国家标准《机械制图》的有关规定正确识读装配图。
3. 能够制定装拆工作计划。

● 项目导入

　　减速器是由封闭在箱体内的齿轮传动或蜗杆传动所组成的独立部件，为了提高电动机的效率，原动机提供的回转速度一般比工作机械所需的转速高，因此齿轮减速器、蜗杆减速器常安装在机械的原动机与工作机之间，用以降低输入的转速并相应地增大输出的转矩。减速器在机器设备中被广泛采用，例如宝山钢铁公司就有10多万台减速器。作为机械类专业的学生有必要熟悉减速器的结构与设计。

任务一

减速器结构分析

工作任务	减速器的装拆
任务描述	本任务着重介绍了减速器结构、主要零件加工工艺及单级圆柱齿轮减速器的装拆操作
使用工具	手锤、螺丝刀、扳手、手钳、钢直尺、卡钳、游标卡尺、千分尺、圆角规
学习目标	技能点： 1. 正确使用装拆工、量具； 2. 掌握轴承的安装和拆卸方法； 3. 熟悉减速器各附件的名称、结构、安装位置及作用； 4. 初步具有零件尺寸的目测能力。 知识点： 1. 了解减速器工作原理； 2. 了解减速器结构，各零件的名称、形状、用途及各零件之间的装配关系； 3. 熟悉齿轮的轴向固定方式及安装顺序

减速器是被广泛应用于机械行业的传动装置，如图 4-1 所示，它具有结构紧凑、降速比大、工作平稳等优点，用于低转速大扭矩的传动设备，如电动机、内燃机或其

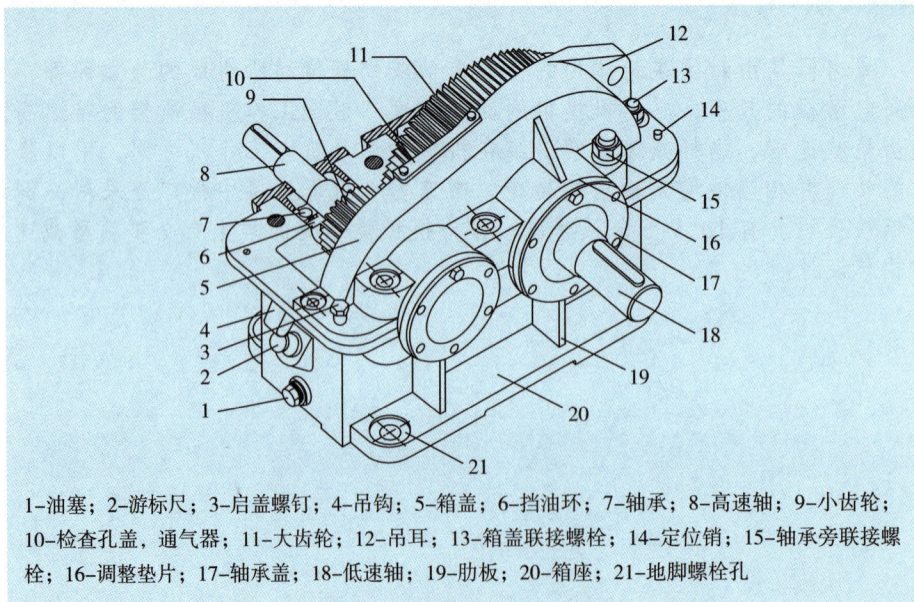

1-油塞；2-游标尺；3-启盖螺钉；4-吊钩；5-箱盖；6-挡油环；7-轴承；8-高速轴；9-小齿轮；10-检查孔盖，通气器；11-大齿轮；12-吊耳；13-箱盖联接螺栓；14-定位销；15-轴承旁联接螺栓；16-调整垫片；17-轴承盖；18-低速轴；19-肋板；20-箱座；21-地脚螺栓孔

图4-1 一级圆柱齿轮减速器

他高速运转的动力设备。通过减速机的输入轴上的齿数少的齿轮啮合输出轴上的大齿轮来达到减速的目的。

　　减速器的种类繁多，按照传动类型可分为齿轮减速器、蜗杆减速器和行星齿轮减速器；按照传动级数不同可分为单级和多级减速器；按照齿轮形状可分为圆柱齿轮减速器、圆锥齿轮减速器和圆锥—圆柱齿轮减速器；按照传动的布置形式又可分为展开式、分流式和同轴式减速器。几种常见减速器如图4-2和图4-3分别为同轴式二级齿轮减速器和分流式二级齿轮减速器所示。

图4-2　同轴式二级圆柱齿轮减速器

图4-3　分流式二级圆柱齿轮减速器

一、减速器结构分析

　　以单级圆柱齿轮减速器为例，减速器的基本结构由箱体、轴系零件和附件三部分组成，如图4-4所示。

1.箱体结构

　　减速器的箱体用来支承和固定轴系零件，为了便于轴系零件的安装和拆卸，箱体通常制成剖分式。剖分面取在轴线所在的水平面内（即水平剖分），以便于加工。箱盖（件4）和箱座（件20）之间用螺栓（件17、18、19和件31、32、33）连接成一整体，为了使轴承座旁的连接螺栓尽量靠近轴承座孔，并增加轴承支座的刚性，在轴承座旁制出了凸台。

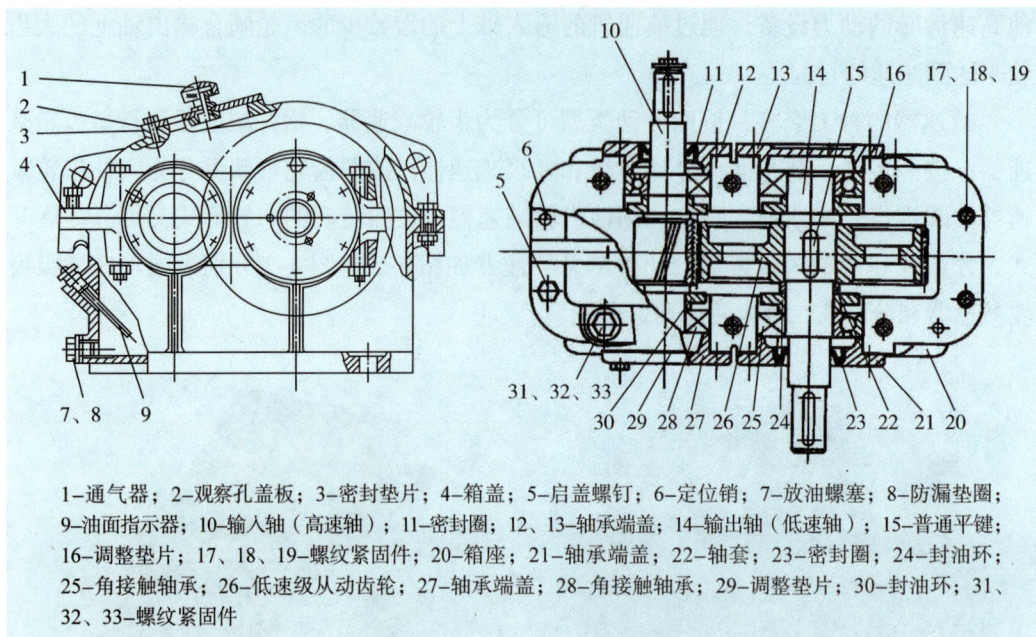

1—通气器；2—观察孔盖板；3—密封垫片；4—箱盖；5—启盖螺钉；6—定位销；7—放油螺塞；8—防漏垫圈；9—油面指示器；10—输入轴（高速轴）；11—密封圈；12、13—轴承端盖；14—输出轴（低速轴）；15—普通平键；16—调整垫片；17、18、19—螺纹紧固件；20—箱座；21—轴承端盖；22—轴套；23—密封圈；24—封油环；25—角接触轴承；26—低速级从动齿轮；27—轴承端盖；28—角接触轴承；29—调整垫片；30—封油环；31、32、33—螺纹紧固件

图4-4 单级圆柱齿轮减速器结构

箱体通常用灰铸铁（HT150或HT200）铸成，对于受冲击载荷的重型减速器也可采用铸钢箱体。单件生产时，为了简化工艺、降低成本，可采用钢板焊接箱体。

2. 轴系零件

图中高速级的小齿轮直径和轴的直径相差不大，将小齿轮与轴制成一体（件10）。大齿轮与轴分开制造，用普通平键（件15）做周向固定。轴上零件用轴肩，轴套（件22），封油环（件24、30）与轴承端盖（件21、13、12、27）作轴向固定。两轴均采用角接触轴承（件25、28）作支承，承受径向载荷和轴向载荷的联合作用。轴承端盖与箱体座孔外端面之间垫有调整垫片组（件16、29），以调整轴承游隙，保证轴系正常工作。

该减速器采用飞溅润滑，大轮齿的轮齿浸入油池中，转动时把润滑油带到啮合处进行润滑。滚动轴承采用润滑脂润滑，为了防止箱体内的润滑油进入轴承，应在轴承和齿轮之间设置封油环（件24、30）。输入轴和输出轴的伸出端采用轴承端盖孔内装密封元件的结构，如图中件11、23，防止箱内润滑油泄漏以及外界灰尘、异物浸入箱体。

3. 减速器附件

（1）定位销（件6）。在精加工轴承座孔前，在箱盖和箱座的连接凸缘上配装定位销，以保证箱盖和箱座的装配精度，同时也保证了轴承座孔的精度。两定位圆锥销应设在箱体纵向两侧连接凸缘上，呈不对称布置，以加强定位效果。

（2）观察孔盖板（件2）。为了检查传动零件的啮合情况，并向箱体内加注润滑油，在箱盖的适当位置设置一观察孔，观察孔多为长方形，观察孔盖板平时用螺钉固定在箱盖上，盖板下垫有纸质密封垫片（件3）；以防漏油。

（3）通气器（件1）。通气器用来沟通箱体内、外的气流，箱体内的气压不会因减速器运转时的油温升高而增大，从而提高了箱体分箱面、轴伸端缝隙处的密封性能，通气器多装在箱盖顶部或观察孔盖上，以便箱内的膨胀气体自由溢出。

（4）油面指示器（件9）。为了检查箱体内的油面高度，及时补充润滑油，应在油箱便于观察和油面稳定的部位，装设油面指示器。油面指示器分油标和油尺两类，图中采用的是油尺。

（5）放油螺塞（件7）。换油时，为了排放污油和清洗剂，应在箱体底部、油池最低位置开设放油孔，平时放油孔用油螺塞旋紧，放油螺塞和箱体结合面之间应加防漏垫圈（件8）。

（6）启盖螺钉（件5）。装配减速器时，常常在箱盖和箱座的结合面处涂上水玻璃或密封胶，以增强密封效果，但却给开启箱盖带来困难。为此，在箱盖侧边的凸缘上开设螺纹孔，并拧入启箱螺钉。开启箱盖时，拧动启盖螺钉，迫使箱盖与箱座分离。

（7）起吊装置。为了便于搬运，需在箱体上设置起吊装置。图中箱盖上铸有两个吊耳，用于起吊箱盖。箱座上铸有两个吊钩，用于吊运整台减速器。

二、认识齿轮

齿轮是广泛应用于机器部件中的传动零件，其工作原理为利用两齿轮轮缘上的齿连续啮合传递运动和动力。

常见的齿轮传动形式有圆柱齿轮、锥齿轮、蜗杆蜗轮三种。圆柱齿轮通常用于平行两轴之间的传动用来改变机件的回转方向；锥齿轮用于相交两轴之间的传动；蜗轮蜗杆用于交错两轴之间的传动。

1. 直齿圆柱齿轮的结构形式

直齿圆柱齿轮一般具有轮齿、轮缘、辐板、轮毂、轴孔和键槽等结构（见图4-5）。齿槽是指齿轮上两相邻轮齿之间的空间。

2. 直齿圆柱齿轮的主要几何参数（见图4-6）

（1）齿顶圆直径 d_a：通过轮齿顶部的圆的直径。

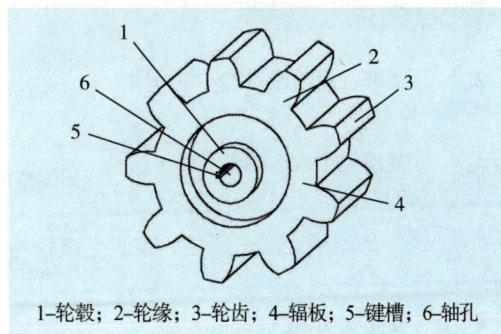

1-轮毂；2-轮缘；3-轮齿；4-辐板；5-键槽；6-轴孔

图4-5　直齿圆柱齿轮结构

（2）齿根圆直径 d_f：通过齿根位置的圆的直径。

（3）分度圆直径 d：分度圆是一个规定的假想圆，在齿顶圆和齿根圆之间，是计算齿轮各部分尺寸的基准，此圆上的齿厚 e 与槽宽 s 相等。

（4）齿高 h：齿顶圆与齿根圆之间的径向距离。其中齿顶圆到分度圆间的径向距离称齿顶高 h_a；齿根圆到分度圆间的径向距离称齿根高 h_f，即 $h=h_a+h_f$。

（5）齿距 p：相邻两齿的同一位置齿廓间的分度圆弧长。其中一个轮齿两侧齿廓间的分度圆弧长称齿厚 s；一个齿槽两侧齿廓间的分度圆弧长称槽宽 e。即 $p=s+e$，且 $s=e$。

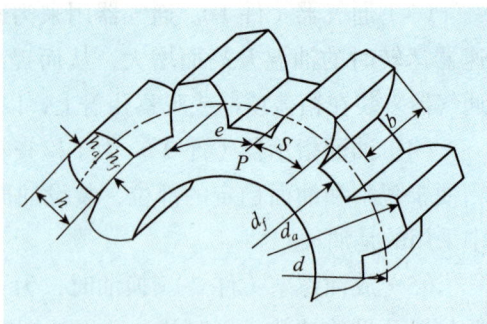

图4-6　直齿圆柱齿轮主要几何参数

（6）齿数 z：一个齿轮的轮齿总数。

（7）模数 m：为了方面齿轮设计、制造和检验，人为地规定 p/π 的值为标准值，称为模数，用 m 表示。即齿轮的齿数 z、齿距 p 及分度圆直径 d 之间存在以下关系：

分度圆周长 $= \pi d = zp$，即 $d = zp/\pi$

$p/\pi = m$，则 $d = mz$。其中 m 称为齿轮模数。

模数 m 是设计、制造齿轮的重要参数。模数越大，则齿距越大，相应的齿厚、槽宽、齿高也随之增大，齿轮的承载能力增大。由于两齿轮啮合时齿距 p 必须相等，则啮合两齿轮的模数也必须相等。

（8）压力角 α：指在分度圆与齿廓相交位置，两齿廓曲线的公法线与两节圆的公切线所夹的锐角。一般标准齿轮压力角为 $20°$。

任务评价（100分）

序号	项目描述	评分标准	分值	成绩
1	正确指出减速器的部位	每错一个部位扣2分	40	
2	能够说出减速器的工作原理	不能正确表述工具使用特点、适用场合、注意事项，每项扣2分	20	
3	能够说出减速器主要部位的功能	不能正确表达出各部位功能，每项扣2分	20	
4	安全文明生产	1. 每违反一次《安全操作规程》，扣2分； 2. 环境卫生差，扣2分； 3. 造成零部件或工量具损坏，每件扣2分； 4. 发生安全事故取消考试资格	20	
总评		总分		
		签字：	年　月　日	

任务二
一级圆柱齿轮减速器的装拆

工作任务	一级圆柱齿轮减速器的拆装
任务描述	本任务着重讲解了一级圆柱齿轮减速器的装拆过程，其顺序分别是：拆除箱盖→拆除轴→拆卸输入轴部件→拆卸输出轴部件→拆卸箱体部件。并对其装配过程进行了描述
使用工具	手锤、螺丝刀、扳手、手钳、钢直尺、卡钳、游标卡尺、千分尺、圆角规
学习目标	技能点： 1. 正确使用装拆工、量具； 2. 掌握减速器的安装和装拆步骤。 知识点： 1. 掌握轴精度检测的方法； 2. 熟悉齿轮的轴向固定方式及安装顺序

单级圆柱齿轮减速器装配顺序一般与拆卸相反，其主要技术要求如下：

（1）所有零件和部件必须正确安装在规定位置；

（2）齿轮副必须正确啮合，符合相关技术要求；

（3）装配后应保证各轴线间的相互位置精度；

（4）装配后，保证回转件转动灵活，轴承游隙合适，润滑良好；

（5）各固定连接件必须将零件牢固、可靠地连接在一起。

一、减速器的拆卸

减速器拆卸前首先应查阅相关装配图纸，并仔细观察实物外形及相关附件，在了解其结构特点、装配关系的基础上，再进行拆卸作业。

1. 箱盖的拆卸

（1）拔出减速器箱体两端定位销；

（2）旋下轴承盖上固定螺栓，取下轴承端盖及调整垫片；

（3）旋下箱盖连接螺栓及轴承旁的连接螺栓，取下箱盖（见图4-7、图4-8）。

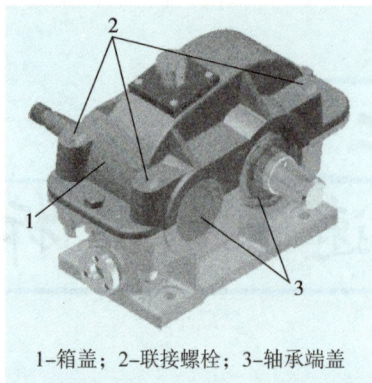

1-箱盖；2-联接螺栓；3-轴承端盖

图4-7　箱盖拆卸

图4-8　拆去箱盖

2. 轴系零件的拆卸

（1）对轴上齿轮在箱体内的各定位尺寸以及轴的各安装尺寸进行测量，并做好记录；

（2）取出输入轴、输出轴及轴上附件（见图4-9）；

（3）逐级取下轴上附件，按顺序排列整齐（见图4-10）。

图4-9　取出轴

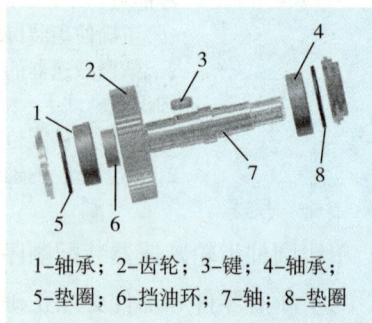

1-轴承；2-齿轮；3-键；4-轴承；
5-垫圈；6-挡油环；7-轴；8-垫圈

图4-10　轴上附件的拆卸

3. 箱体附件的拆卸

拆卸通气塞、放油螺塞、油面指示器等箱体附件（见图4-11、图4-12），注意卸下零件后按顺序排列。

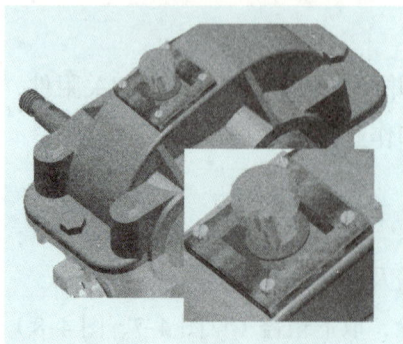

图4-11　通气塞结构

图4-12　油面指示器

小贴士

拆卸减速器时应注意：

（1）按顺序拆卸，并将所有零部件编号并进行登记，分类、分组保管，避免产生混乱甚至丢失；

（2）对减速器内部装配零部件安装尺寸进行测量并记录，以免后续装配时产生失误；

（3）拆卸过程中避免随意敲打造成零件损坏，同时防止碰伤、变形等情况的发生，以便后续装配后能够保证减速器正常运转。

二、减速器的装配

减速器的装配工作包括前期准备、零部件试装、轴系零件组装、部件总装、调整等。

1. 前期准备

检查箱体内有无零件或杂物，对各零部件进行清洗、整形和补充加工等。

2. 零部件试装

为保证装配精度，某些相配合的零件需要进行试装，例如键连接必须进行试配，对未满足装配要求的零件需调整或更换。

3. 轴系零件的组装

减速器的输出轴轴系零件一般有齿轮、轴承、轴套、密封圈等，装配时应按从里到外的顺序进行装配，如图4-13所示。

（1）输出轴部件装配。

①使用键连接将齿轮装配到轴上，装上挡油环，压装右轴承；

②轴的左端装上挡油环，压装左轴承，装入轴套；

③在左轴承盖槽内放入封油环，套在轴上。

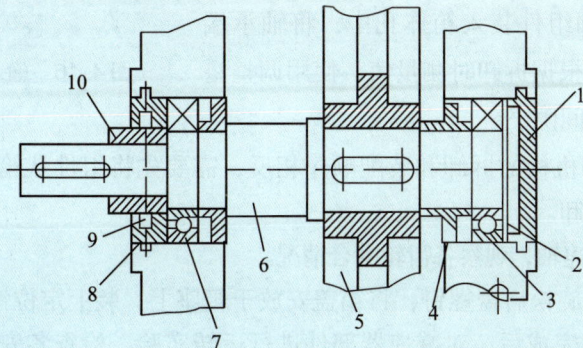

1-端盖；2-垫圈；3-轴承；4-挡油环；5-齿轮；6-输出轴；7-轴承；8-轴承盖；9-封油环；10-轴套

图4-13　轴系零件的组装

采用间隙配合的齿轮与轴的装配比较方便；采用过渡配合和过盈量不大的配合，用手工工具敲击装入；过盈量较大时可用压力机压装；过盈量很大的配合，需采用液压套合的装配方法。

对于传动精度要求高的齿轮与轴的配合，应检查径向圆跳动和端面圆跳动误差。图4-14为检查径向圆跳动误差的方法：将齿轮轴支承在两顶尖间或两块V形块上，调整轴线与平板平行。将圆柱量规放在齿间，使之与轮齿在分度圆处相接触，然后用百分表测量圆柱。转动轴每隔3-4齿检测1次，百分表最大读数与最小读数之差即为齿轮分度圆上的径向圆跳动误差。图4-15为检查端面圆跳动误差的方法，用两顶尖顶住轴端，用百分表测量齿轮端面，转动轴，在一周范围内百分表最大读数与最小读数之差即为齿轮的端面圆跳动误差。

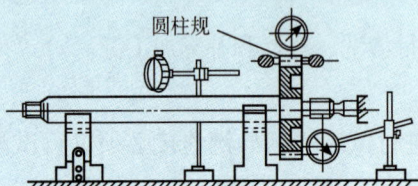

图4-14　检查径向圆跳动　　　　　图4-15　检查端面圆跳动

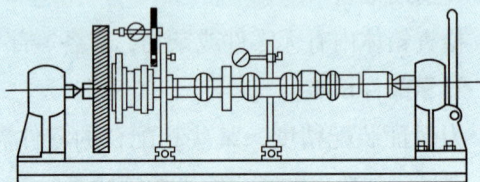

（2）输入轴部件装配。

输入轴一般为齿轮轴（见图4-16），只需在轴上装配挡油环、轴承等零件，装配顺序与输出轴组件装配基本一致。

（3）减速机部件的总装与调试。

①将箱座附件装入箱座。

②将各传动轴组件装入箱体孔中，将轴承端盖装入轴承压槽，根据拆卸时测量值，使用调整垫圈调整各部件工作间隙。

图4-16　输入轴（齿轮轴）

圆柱齿轮传动机构的拆卸和装配顺序相反，需要先将组件从箱体中拆出，再进行单个齿轮零件的拆卸。

③手动转动高速轴，观察各齿轮啮合情况。

④安装箱盖，旋松启盖螺钉，将箱盖安放于箱座上，装上定位销，拧紧固定螺栓。

⑤调试。装配完成后，对减速器部件进行运转实验，检查各安装部分无误后，加入润滑油，接通电动机，进行空载试车。要求运转中齿轮无明显噪音，传动性能符合规定要求，运转20分钟后轴承温度不应超过规定要求。

小贴士

　　将齿轮轴组件装入箱体是一个极为重要的工序，是保证齿轮啮合质量的关键。装配时必须保证齿轮间有适当的啮合侧隙和一定的接触面积及正确的接触位置。齿轮啮合的侧隙常用压铅丝的方法检验（见图4-17）。在齿宽两端的齿面上，平行放置两根铅丝（宽齿应放置3~4根），其直径不宜超过最小侧隙的4倍。转动齿轮使其挤压铅丝，测量铅丝最薄处的厚度，即为该啮合齿轮的侧隙。

　　齿轮齿面的接触面积检查，一般采用涂色法（见图4-18）。将红丹粉涂于大齿轮齿面上，转动齿轮时，被动轮应轻微制动。对双向工作的齿轮传动，应检查正反两个齿面。通过齿面上接触斑点的分布情况，来判断产生接触误差的原因。正常啮合的齿面上接触印痕分布面积为：在轮齿的高度上接触斑点不少于30%～50%，在轮齿的宽度上不少于40%～70%。

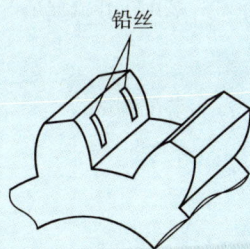

图4-17　压铅丝法检查侧隙

| 正确形式 | 中心距偏大 | 中心距偏小 | 轴线不平行 |

图4-18　涂色法检查接触印痕

任务功能评价（25分）

序号	功能评价	成绩
1	减速器是否能够正常运转	
2	轴系零件啮合是否符合要求	
3	运转中有无明显噪音	
4	传动性能是否符合规定要求	
	分项得分	

任务外观评价（15分）

序号	外观评价	成绩
1	各部件是否完全拆卸	
2	各零件安装是否正确、合理	
3	各零件有无损坏或丢失	
	分项得分	

续表

任务过程评价（60分）

序号	项目描述	评分标准	分值	成绩
1	正确选取和使用装拆工、量具	1. 工量具选取不正确，每件扣 1 分； 2. 工量具使用不当，每件扣 1 分	8	
2	拆卸工作流程是否正确	拆卸工作流程不合理，每处扣 3 分	15	
3	装配工作流程是否正确	装配工作流程不合理，每处扣 3 分	15	
4	装配调试	1. 安装错、漏零件，每处扣 2 分； 2. 零件安装不牢靠、松动，每处扣 2 分； 3. 缺少必要的保护环节，每处扣 2 分； 4. 调试方法不正确，扣 2 分	15	
5	安全文明生产	1. 每违反一次《安全操作规程》，扣 2 分； 2. 环境卫生差，扣 2 分； 3. 造成零部件或工量具损坏，每件扣 2 分； 4. 发生安全事故取消考试资格	7	
总评		分项得分		
		签字：	年　月　日	

项目五

电机的装拆

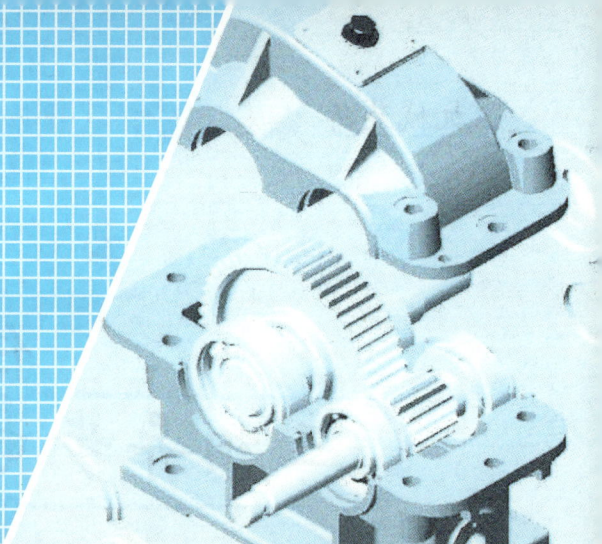

学习目标

知识目标：

（1）认识典型装拆工具。

（2）了解三相异步电动机相关工作原理。

（3）了解三相异步电动机构造。

（4）掌握装拆安全操作规程及基本知识。

技能目标：

（1）能够正确选取和使用拆装工具。

（2）能够根据国家标准的有关规定正确识读装配图。

（3）学会制定正确的装拆工作计划。

项目导入

图5-1为常见的电动机。电机的形式很多，但其工作原理都基于电磁感应定律和电磁力定律。因此，其构造的一般原则是用适当的导磁和导电材料构成互相进行电磁感应的磁路和电路，以产生电磁功率，达到能量转换的目的。

三相异步电机是感应电机的一种，定子通入电流以后，部分磁通穿过短路环，并在其中产生感应电流。短路环中的电流阻碍磁通的变化，致使有短路环部分和没有短路环部分产生的磁通有了相位差，从而形成旋转磁场。通电启动后，转子绕组因与磁场间存在着相对运动而感生电动势和电流，即旋转磁场与转子存在相对转速，并与磁场相互作用产生电磁转矩，使转子转起来，实现能量变换。

图5-1　电动机

任务
三相异步电动机的装拆

工作任务	电动机的装拆
任务描述	三相异步电动机运行性能好，重量轻，价格便宜，得到了广泛应用。能够对其进行装拆、维修，以提高工作效率，满足生产需要。 本项目以三相异步电动机为例，简要介绍电动机工作原理、结构特点、各零件间装配关系，及电动机的装拆操作
使用工具	手锤、旋具、扳手、手钳、兆欧表、低压断路器、拉具、纯铜棒、锤子、钢套筒、毛刷、万用表
学习目标	技能点： 1.掌握电机测试、检修方法； 2.掌握电机绕组拆卸、绕制、嵌线及电机装配过程； 3.掌握相关电工仪表使用。 知识点： 1.了解电动机的基本结构与相关工作原理； 2.熟悉电动机的铭牌

按转子结构的不同，三相异步电动机可分为笼式和绕线式两种。笼式转子的异步电动机结构简单、运行可靠、重量轻、价格便宜，得到了广泛的应用，其主要缺点是调速困难。绕线式三相异步电动机的转子和定子一样也设置了三相绕组并通过滑环、电刷与外部变阻器连接。调节变阻器电阻可以改善电动机的起动性能和调节电动机的转速。

一、三相异步电动机的结构

如图 5-2 所示，为三相异步电动机的外形，其构成主要包括定子、转子、气隙三部分。定子分为定子铁心和定子绕组，定子铁心用于嵌放绕组、提供磁路，定子绕组用于产生旋转磁场，铁心均由硅钢片叠压而成。转子分为转子铁心和转子绕组。转子铁心用于嵌放绕组、提供磁路；转子绕组用于感应出电势、电流。气隙分为绕线型和笼型。

图 5-3 电机的拆分示意图。

图5-2 三相异步电动机

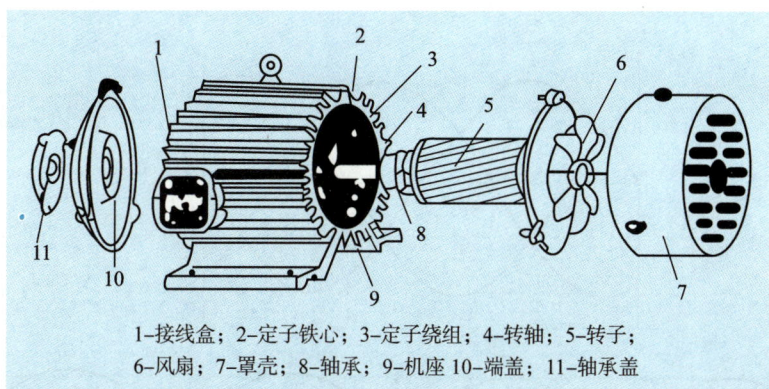

1-接线盒；2-定子铁心；3-定子绕组；4-转轴；5-转子；
6-风扇；7-罩壳；8-轴承；9-机座 10-端盖；11-轴承盖

图5-3　电机构造

二、常用装拆工具

本任务的实施，需要准备以下工具，如表 5-1 所示。

表 5-1　使用的工具及用途

序号	工量具	规　格	主要用途
1	手锤	0.5 磅 1 磅	用于敲击拆卸
2	旋具	一字螺丝刀 十字螺丝刀	用于旋紧或松退螺钉
3	扳手	套装固定扳手	用于旋紧或松退螺栓、螺母
4	手钳	尖嘴钳	用于夹持零件

三、三相异步电机基本知识

1. 三相异步电机工作原理

三相电通给三相对称的定子绕组，产生旋转磁场，静止的转子相对于旋转磁场有一个相对的切割磁力线的运动，产生感应电动势，产生感应电流，转子绕组上有了电流，在磁场中有会受到电磁力的作用，形成电磁转矩 T，克服阻转矩，驱动转子旋转起来，实现了电能转换成机械能的目的。

2. 转动条件

（1）旋转磁场，如图 5-4 所示。

（2）转子是闭合导体。

（3）n 与 n_1 不相等。（"异步"的含义）

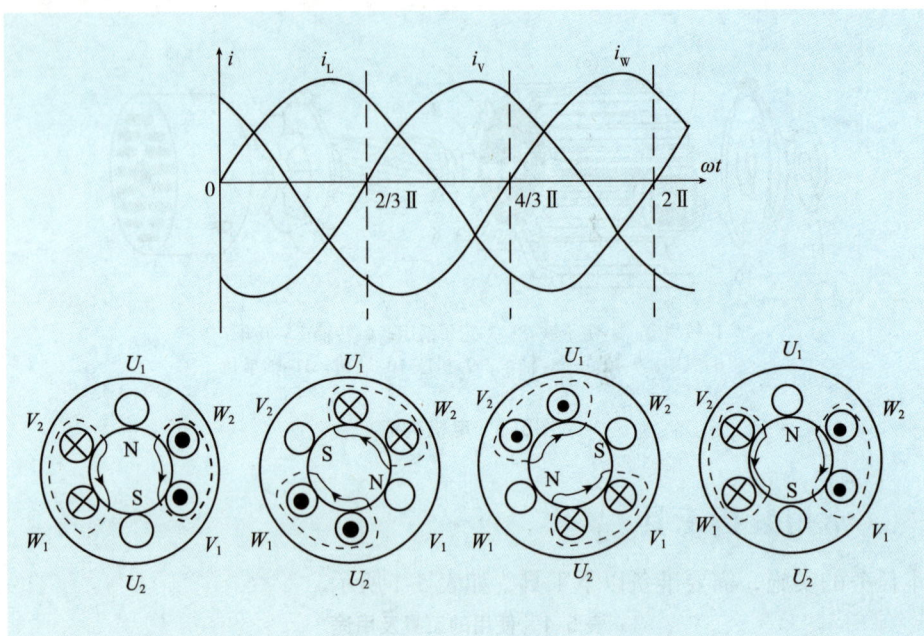

图5-4　旋转磁场

3.定子绕组的相关参数

（1）槽数 Z_1：定子铁心总槽数。

（2）线圈节距 y：一个线圈的两个有效边所跨定于圆周的距离称为节距，$y \approx \tau = \dfrac{Z_1}{2p}$。

（3）极距 τ：极距是指交流绕组一个磁极所占有定子圆周的距离，$\tau = \dfrac{Z_1}{2p}$。

（4）电角度：电角度 $=P \times$ 机械角度。

（5）槽距角是指相邻的两个槽之间的电角度，$a = \dfrac{360 \times p}{Z_1}$。

（6）每极每相槽数 q 是指每相绕组在每个磁极下占的槽数，$q = \dfrac{Z_1}{2pm}$。

四、三相异步电动机的拆卸步骤

1. 电动机的一般拆卸步骤

（1）卸下风叶罩（见图 5-5）。

（2）卸下风叶（见图 5-6）。

（3）卸下前轴承外盖（见图 5-7）。

（4）卸下转子（见图 5-8）。

在抽出转子之前，应在转子下面和定子绕组端部之间垫上厚纸板，以免抽出转子时碰伤铁心和绕组。

图5-5　卸风叶罩

图5-6　卸风叶

图5-7　卸前轴承外盖

图5-8　卸转子

（5）卸下后轴承外盖（见图5-9）。

（6）卸下后端盖（见图5-10）。

图5-9　卸后轴承外盖

图5-10　卸后端盖

（7）卸下前端盖（见图5-11）。可用大小适宜的扁凿，插在端盖突出的耳朵处，按端盖对角线依次向外撬，直至卸下前端盖。

（8）最后用拉具拆卸后轴承（见图5-12）、后轴承内盖、前轴承及前轴承内盖。

图5-11　卸前端盖

图5-12　拆卸前后轴承

2.电动机主要部件的拆卸方法

（1）皮带轮或联轴器的拆卸步骤：

①用记号笔标示皮带轮或联轴器的正反面，以免安装时装反（见图5-13）。

②用尺子测量皮带轮或联轴器在轴上的位置，记住皮带轮或联轴器与前端盖之间的距离（见图5-14）。

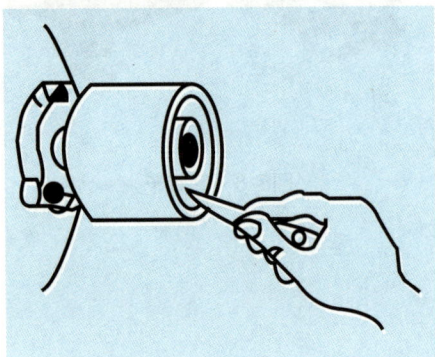

图5-13　标示

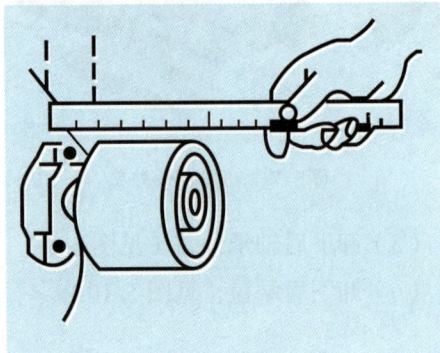

图5-14　量位置

③旋下压紧螺丝或取下销子（见图5-15）。

④在螺丝孔内注入煤油（见图5-16）。

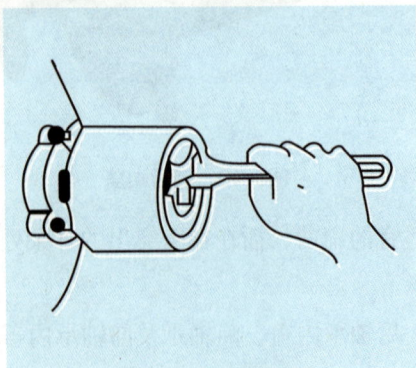

图5-15　旋下压紧螺丝

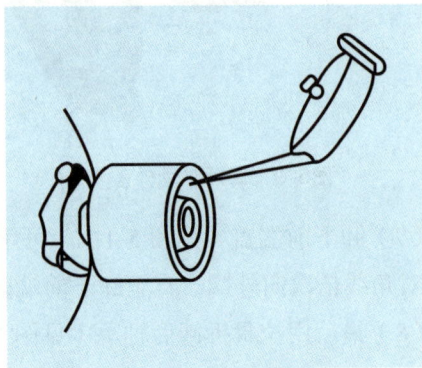

图5-16　注入煤油

⑤装上拉具（拉具有两脚和三脚），各脚之间的距离要调整好（见图5-17）。

⑥拉具的丝杆顶端要对准电动机轴的中心，转动丝杆，使皮带轮或联轴器慢慢地脱离转轴（见图5-18）。

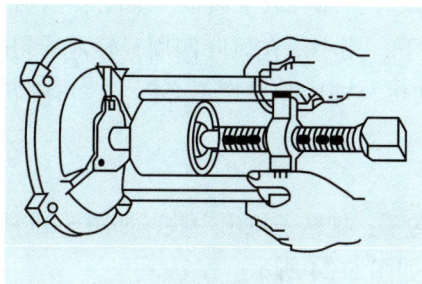

图5-17　装上拉具

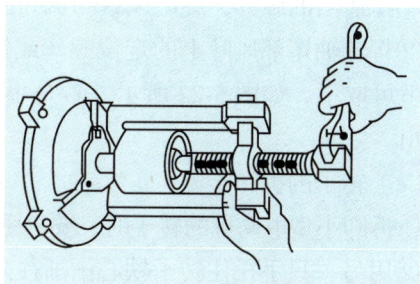

图5-18　卸皮带轮

（2）轴承盖和端盖的拆卸步骤：

① 拆卸轴承外盖的方法比较简单，只要旋下固定轴承盖的螺丝，就可把外盖取下（见图5-19）。注意：前后两个外盖拆下后要标上记号，以免将来安装时前后装错。

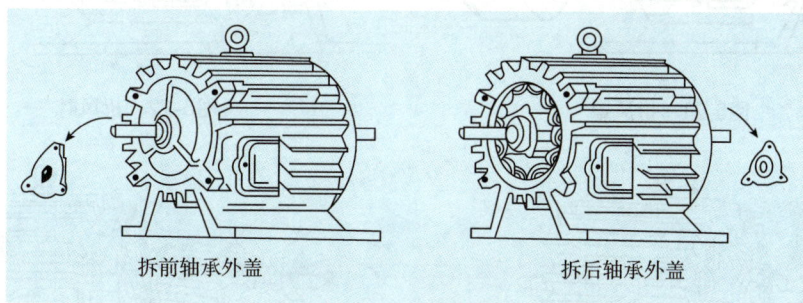

拆前轴承外盖　　　　　　　　　拆后轴承外盖

图5-19　拆卸轴承外盖

② 拆卸端盖前，应在机壳与端盖接缝处做好标记，然后旋下固定端盖的螺丝。通常，端盖上都有两个拆卸螺孔，用从端盖上拆下的螺丝旋进拆卸螺孔，就能将端盖逐步顶出来（见图5-20）。

拆前端盖　　　　　　　　　　拆后端盖

图5-20　拆卸轴承外盖

若没有拆卸螺孔，可用大小适宜的扁凿，插在端盖突出的耳朵处，按端盖对角线依次向外撬，直至卸下端盖。注意：前后两个端盖拆下后要标上记号，以免将来安装时前后装错。

（3）风罩和风叶的拆卸步骤：

①择适当的旋具，旋出风罩与机壳的固定螺丝，即可取下风罩，如图5-21所示。

②将转轴尾部风叶上的定位螺丝或销子拧下，用小锤在风叶四周轻轻地均匀敲打，风叶就可取下，如图5-22所示。若是小型电动机，则风叶通常不必拆下，可随转子一起抽出。

（4）转子的拆卸步骤：

①拆卸小型电动机的转子时，要一手握住转子，把转子拉出一些，如图5-23所示。

②用另一只手托住转子铁心渐渐往外移，如图5-24所示。

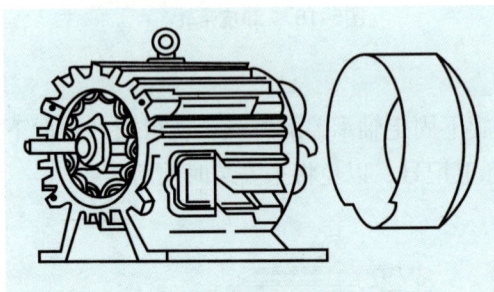

图5-21 拆风罩

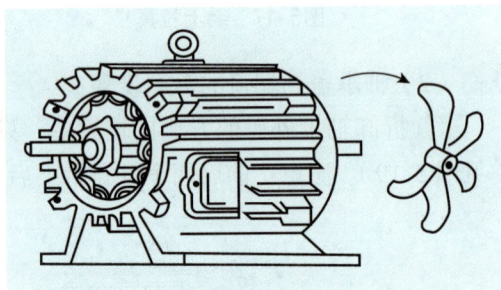

图5-22 拆风叶

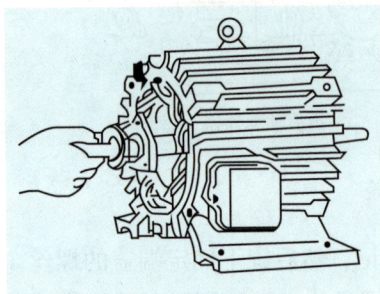

图5-23 握住转子

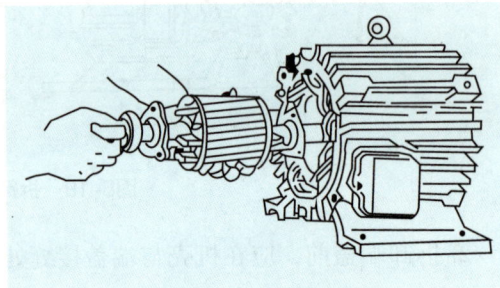

图5-24 外移转子

五、电动机装配步骤

1. 绕制线圈

（1）仔细检查电磁线牌号、规格、绝缘厚度公差是否符合规定。

（2）检查绕线机运行情况是否良好，要放好绕线模，调好计圈器。

（3）在绕线模上放好卡紧布带，将引线排在右手边，然后由右边向左边开始绕线。

（4）用毛毡浸石蜡的压板将电磁线夹紧，绕线时拉力要适当，导线排列要整齐，避免交叉混乱，匝数要准确。同时，必须保护导线的绝缘不受损坏。

（5）检查线圈尺寸、匝数，两个直线边用布带扎紧，以免松散，绕线方式如图5-25报示。

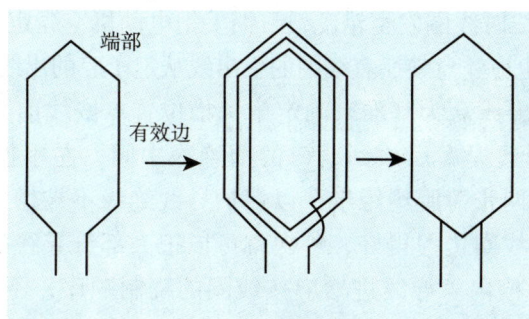

图5-25 线圈示意图

2. 嵌线

线圈绕完以后，开始嵌线工作，嵌线就是根据绕组设计要求把一个个线圈嵌放进定子槽内，组成整个绕组。所以嵌线工序是整个嵌制绕组中最重要的一环

嵌线工艺流程为：准备绝缘材料→放置槽绝缘→嵌线→封槽口→端部整形。

如图5-26所示，该电机需12只绕组，每相4只，并且在接线时每相绕组按尾与尾相连、头与头相连的原则接线。

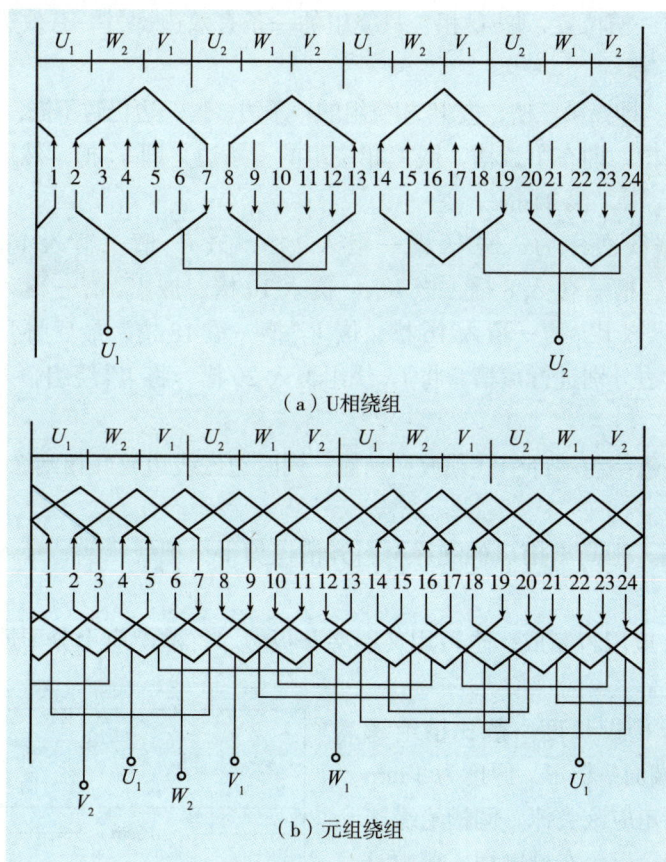

（a）U相绕组

（b）元组绕组

图5-26 绕组展开图

（1）为了防止嵌线时线圈发生错乱，习惯上把电动机空壳定子有出线孔的一侧放在右手侧。嵌线时，也应注意使所有线圈的引出线从定子腔的出线孔一侧引出。

（2）嵌线时，以出线盒为基准来确定第一槽位置。嵌线前先用右手把要嵌的线圈一条边捏扁，线圈边捏扁后放到槽口的槽绝缘中间，左手捏住线圈朝里插入槽内，应在槽口临时衬两张薄膜绝缘纸，以保护导线绝缘不被槽口擦伤，进槽后，取出薄膜绝缘纸。如果线圈边捏得好，一次就可以把大部分导线拉入槽内，剩下少数导线可用理线板划入槽内。导线进槽应按线圈的绕制顺序，不要使导线交叉错乱，槽内部必须整齐平行，否则不但影响全部导线的嵌入，而且会造成导线间相擦而损伤绝缘。嵌线时，还要注意槽内绝缘是否偏移到一侧，防止露出的铁心与导线相碰，造成绕组通地故障。

（3）嵌好一个线圈的一条线圈边后，另一条线圈边暂时吊起来在下面垫一张纸，以免线圈边与铁壳相碰而擦伤绝缘。嵌好以后，再依次嵌入其他绕组，直到嵌完为止。

在实际嵌线过程中，我们把最初安放的两个线圈称为起把线圈，要求隔槽放置。当嵌绕组的另一边时，我们称为覆槽。嵌线前，将绕组分三等份放好，依次为 U、W、V 三相。嵌线次序如下：

（4）选好第一槽位置，嵌 U 相一只绕组的一条有效边，另一有效边暂时不嵌，此过程简称为嵌 U_1 槽。

（5）隔一槽，即在第三槽，嵌 W 相绕组的一条边，另一边仍暂不嵌，称为嵌 W_3 槽。

（6）再隔一槽，即在第五槽，嵌 V 相绕组的一条边，即 V_5 槽，然后将另一边覆入24槽。称为嵌 V_5 槽，覆24槽。

（7）接着嵌线次序为：嵌 U_7 槽—覆入2槽，嵌 W_9 槽—覆入4槽，嵌 V_{11} 槽—覆入6槽，嵌 U_{13} 槽—覆入8槽，嵌 W_{15}—覆入10槽，嵌 V_{17} 槽—覆入12槽，嵌 U_{19} 槽—覆入14槽，嵌 W_{21} 槽—覆入16槽，嵌 V_{23} 槽—覆入18槽，最后将开头两只起把线圈的另一条有效边分别进行覆槽，将 U_1 绕组覆入20槽，将 W_3 绕组覆入22槽，这样，嵌线即告完毕。

嵌线时须注意绕组端部引线须放在一侧，同时边嵌线边放好相绝缘。

3. 封槽口

嵌线完毕后，把高出槽口的绝缘材料齐槽口剪平，把线压实，穿入盖槽纸，从一端把槽楔打入。

槽楔材料一般用竹制成，也可用玻璃层布板做。竹槽楔应十分干燥并用变压器油煮透。

工艺要点：槽楔长度一般比槽绝缘短2~3 mm，其端面呈梯形，厚度为 3 mm 左右，两端的棱角应该去掉。同槽绝缘接触的一面要光滑，以免在槽楔插入槽内时损坏槽绝缘盖槽纸，尺寸如图5-27所示。

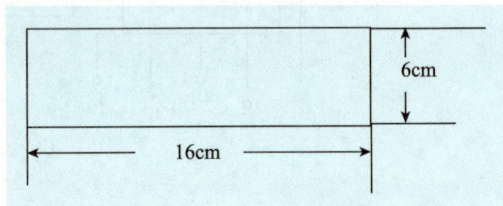

图5-27　盖槽纸

4. 放绕组端部隔相绝缘

相间绝缘是使不同相的相邻两组线圈端部相互绝缘。为保证三相绕组间的绝缘，在线圈组（极相组）间必须隔一层隔相纸（见图5-28）。一般用 0.25 mm 厚的薄膜青壳纸。隔相纸的形状、尺寸根据线圈端部的形状大小而定，一般单层绕组隔相纸的形状接近半圆环的一半。

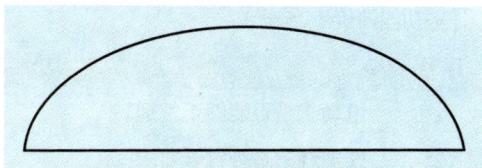

图5-28　隔相纸形状

隔相纸垫好后，最好测量一次每相线圈或极相组的对地绝缘电阻，以及各相邻两组线圈间的绝缘电阻，以便及时发现故障隐患，避免将来拆检的麻烦。新嵌绕组的对地绝缘电阻一般应在 100 MΩ 以上，最小不得低于 50 MΩ。

5. 后端部整形

（1）前端部用三个螺丝支撑（不损伤绝缘）。

（2）拆除布袋。

（3）后端部整形需用橡皮锤将端部向外敲打，成为喇叭状。喇叭口均匀，不妨碍转子安装。

6. 前端部接线

（1）前端部整形同上。

（2）按尾尾相接、首首相接的原则进行顺时针接线，最后留出 6 根引线接在出线盒的接线板上。其中，线头的连接采用绞接法，即直接把导线绞接在一起。最后转子安放、加装端盖、装机。

7. 装配后的检查

（1）机械检查。

①检查机械部分装配的所有紧固螺钉是否拧紧。

②用手转动出轴，转子转动是否灵活，无扫膛、无松动；轴承是否有杂声等。

（2）电气性能检查。

①直流电阻三相平衡。

②测量绕组的绝缘电阻。检测三相绕组每相对地的绝缘电阻和相间绝缘电阻，其阻值不得小于 0.5 MΩ。

③按铭牌要求接好电源线，在机壳上接好保护接地线，接通电源，用钳形电流表检测三相空载电流是否符合允许值。

④查电动机温升是否正常，运转中有无异响。

任务功能评价（25分）

序号	功能评价	成绩
1	电动机是否能够正常运转	
2	线圈绕制是否符合要求	
3	运转中有无明显噪音	
4	性能是否符合规定要求	
	分项得分	

任务外观评价（15分）

序号	外观评价	成绩
1	各部件是否完全拆卸	
2	各零件安装是否正确、合理	
3	各零件有无损坏或丢失	
	分项得分	

任务过程评价（60分）

序号	项目描述	评分标准	分值	成绩
1	正确选取和使用装拆工、量具	1. 工量具选取不正确，每件扣1分； 2. 工量具使用不当，每件扣1分	8	
2	拆卸工作流程是否正确	拆卸工作流程不合理，每处扣3分	15	
3	装配工作流程是否正确	装配工作流程不合理，每处扣3分	15	
4	装配调试	1. 安装错、漏零件，每处扣2分； 2. 零件安装不牢靠、松动，每处扣2分； 3. 缺少必要的保护环节，每处扣2分； 4. 调试方法不正确，扣2分	15	
5	安全文明生产	1. 每违反一次《安全操作规程》，扣2分； 2. 环境卫生差，扣2分； 3. 造成零部件或工量具损坏，每件扣2分； 4. 发生安全事故取消考试资格	7	
总评	分项得分 签字：		年　月　日	

项目六

液压元件的装拆

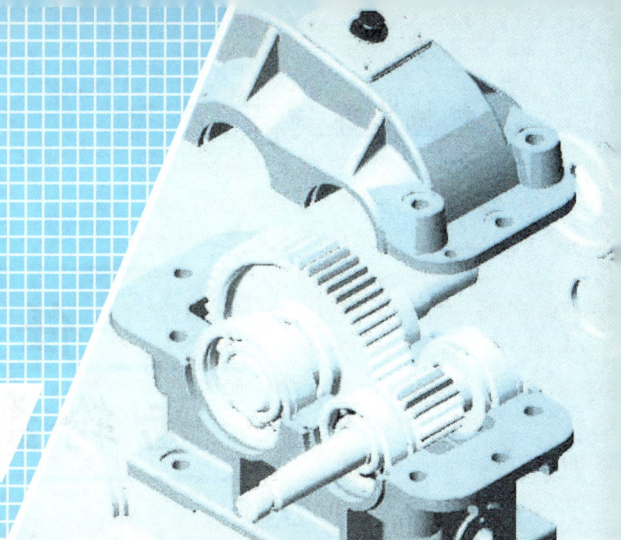

学习目标

知识目标：

（1）了解各液压元件的功用、特点及主要类型；

（2）熟悉典型液压元件的参数计算；

（3）掌握各液压元件的典型结构及工作原理。

技能目标：

（1）能够识别各液压元件职能符号及铭牌意义；

（2）能够规范拆装各液压元件；

（3）能够诊断并排除各液压元件的常见故障。

项目导入

液压泵的功能是把动力机（如电动机和内燃机等）的机械能转换成液体的压力能。影响液压泵的使用寿命因素很多，除了泵自身设计、制造因素外，还与泵使用相关元（如联轴器、滤油器等）的选用、试车运行过程中的操作等因素相关。

常用液压泵可以按照流量是否可调节以及泵的结构进行分类。

按流量是否可调节分为变量泵和定量泵。输出流量可以根据需要来调节的称为变量泵，流量不能调节的称为定量泵。

按液压系统中常用的泵结构分为齿轮泵、叶片泵和柱塞泵等。

齿轮泵体积较小，结构较简单，对油的清洁度要求不严，价格较便宜；但泵轴受不平衡力，磨损严重，泄漏较大。

叶片泵分为双作用叶片泵和单作用叶片泵。这种泵流量均匀，运转平稳，噪音小；其工作压力和容积效率比齿轮泵高、结构比齿轮泵复杂。

柱塞泵容积效率高、泄漏小、可在高压下工作、多用于大功率液压系统，但结构复杂，材料和加工精度要求高、价格贵、对油的清洁度要求高。

一般在齿轮泵和叶片泵不能满足要求时才用柱塞泵。此外，还有一些其他形式的液压泵，如螺杆泵等。

任务一
齿轮泵的装拆

工作任务	齿轮泵的装拆
任务描述	本任务主要介绍齿轮泵的工作原理、结构特点；主要零部件间的装配关系；齿轮泵各部件的装拆步骤与流程
使用工具	内六方扳手、固定扳手、螺丝刀、卡簧钳、铜棒、棉纱、煤油
学习目标	技能点： 1.正确使用装拆工、量具； 2.掌握正确的拆卸、装配方法； 3.掌握常用齿轮泵维修的基本方法。 知识点： 1.理解常用齿轮泵的工作原理； 2.了解常用齿轮泵的基本结构，熟悉各零件的名称、形状、用途及各零件之间的装配关系

一、认识液压泵

液压泵的工作原理是运动带来泵腔容积的变化，从而压缩流体使流体具有压力能。下面我们以 CB-B 型齿轮泵为例进行说明，其结构如图 6-1 所示。

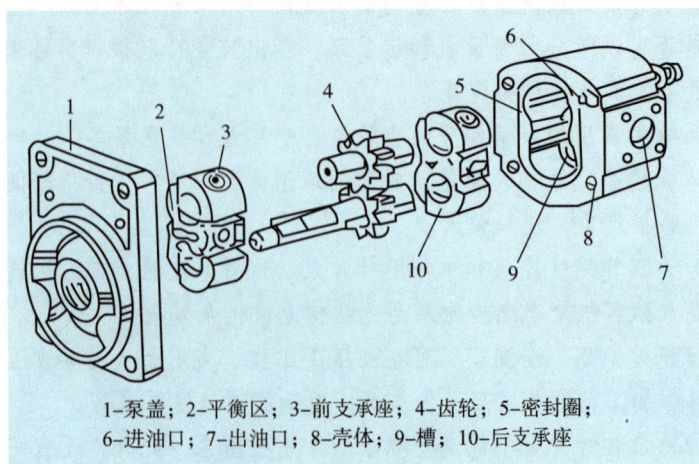

1-泵盖；2-平衡区；3-前支承座；4-齿轮；5-密封圈；
6-进油口；7-出油口；8-壳体；9-槽；10-后支承座

图6-1 CB-B 型齿轮泵

1. 工作原理

齿轮泵的进油口和出油口处分别形成两个油腔，即吸油腔和排油腔。在吸油腔，轮齿在啮合点相互从对方齿谷中退出，密封工作空间的有效容积不断增大，完成吸油过程。在排油腔，轮齿在啮合点相互进入对方齿谷中，密封工作空间的有效容积不断减小，实现排油过程。

2. 结构特点

轻轻取出泵体，观察卸荷槽、消除困油槽及吸、压油腔等结构，弄清楚其作用（见图6-2）。

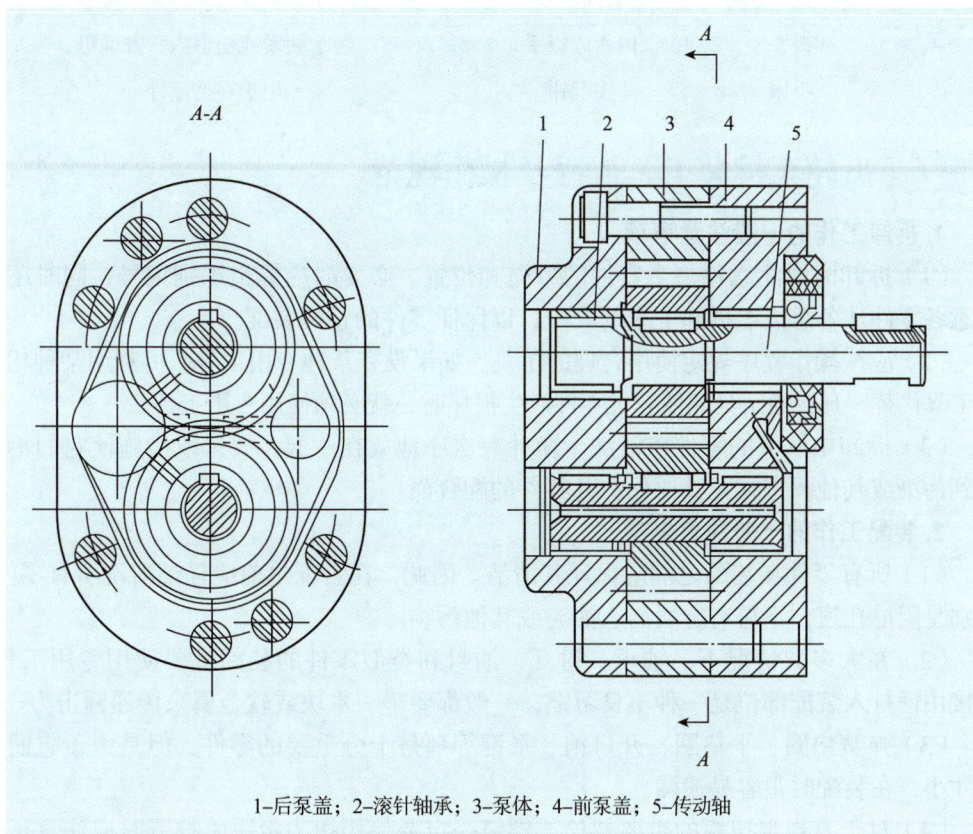

1–后泵盖；2–滚针轴承；3–泵体；4–前泵盖；5–传动轴

图6-2　齿轮泵结构示意图

泵体的两端面开有封油槽，此槽与吸油口相通，用来防止泵内油液从泵体与泵盖接合面外泄，泵体与齿顶圆的径向间隙为 0.13 ~ 0.16 mm。

前后端盖内侧开有卸荷槽，用来消除困油。端盖1上吸油口大，压油口小，用来减小作用在轴和轴承上的径向不平衡力。

两个齿轮的齿数和模数都相等，齿轮与端盖间轴向间隙为 0.03 ~ 0.04 mm，轴向间隙不可调节。

二、工具准备

本任务的实施，需要准备以下工、量具，如表6-1所示。

表6-1 使用的工具及用途

序号	工量具	规　　格	主要用途
1	手锤	0.5磅 1磅	用于敲击拆卸
2	旋具	一字螺丝刀 十字螺丝刀	用于旋紧或松退螺钉
3	扳手	套装固定扳手	用于旋紧或松退螺栓、螺母
4	扳手	内六方扳手	用于旋紧或松退内六方螺母
5	手钳	尖嘴钳	用于夹持零件

三、齿轮泵拆装工艺流程及操作规范

1. 拆卸工作的一般注意事项

（1）拆卸时应注意每一个零件的方向和位置。必要时应标出识别记号，同时还应注意各零件从各总成上拆卸下来的顺序，以保证零件的正确装配。

（2）应按操作程序规定使用合理的工具。如果没有某种专用工具，可利用某种相似的工具代替。凡普通工具能使有关零件产生损坏时，就必须使用专用工具。

（3）拆卸中取下的零件应清洗干净并有次序地放在一起，要采取措施使它们不至受到污染或其他损害，尤其要保护各零件的配合面。

2. 装配工作的一般注意事项

（1）所有零件在装配之前应保证其清洁。因此，在装配之前应仔细清洗所有零件，特别是阻尼孔道，不得有金属屑、油泥或其他污物。

（2）在大多数情况下，轴承、衬套、油封和类似零件的装配都要使用专用工具。直接用锤打入装配部位是一种不良习惯，一般都要垫一木块或软金属来传递锤击力。

（3）弹簧垫圈、平垫圈、开口销、平键等都是十分重要的零件。但是由于它们的尺寸小，在装配时很容易遗漏。

（4）对于有规定扭矩的重要螺栓或螺钉一定要使用扭力扳手，拧紧时应注意正确的扳手顺序，各螺栓或螺钉的拧紧力要均匀。另外，还应注意这些螺栓、螺母的锁紧方法是否符合规定。

（5）装配时检查各密封面的密封情况，如阀体结合面之间、阀芯与阀体之间的密封应良好，必要时可用汽油试漏。

（6）各零件在装配完成之后，应检查各运动件的运动情况，要求在全行程上移动或转动灵活无阻滞现象。

3. 液压和液力元件、零部件的清洗原则

液压元件或液力元件零件在拆卸后或装配前，必须进行彻底的清洗，以除去零件表面黏附的防锈油、锈迹、铁屑、油泥或其他污物，建议采用以下清洗方法。

（1）刷洗。即用钢丝刷、毛刷等工具，对各液压或液力元件的外部较粗糙的表面进行刷洗，可除去铁锈、油泥等污物。其特点是操作简单，装备简单，但效果一般，生产率低，使用钢丝刷刷洗会划伤零件表面。

（2）擦洗。用棉纱、抹布等对液压或液力元件中的精密零件进行擦洗，可除去铁锈、油泥等污物。其特点是操作简单，装备简单，但效果一般，生产率低。

（3）浸洗。对于形状复杂的零件或者黏附的污垢比较顽固、难于用以上方法去除的可采用浸洗的方法，即把零件先放在清洗液中浸泡一段时间后再进行清洗。其特点是操作简单，时间长，宜与其他清洗方法交叉多步进行。

（4）喷洗。利用专用喷洗设备射出的清洗液高速液流，对零件上黏附程度较高的污垢进行冲刷。其特点是清洗效果好，生产率高，但装备较复杂。

四、拆装步骤

（1）拆卸齿轮泵时，先用内六方扳手在对称位置松开 6 个紧固螺栓，之后取下螺栓、定位销，掀去前泵盖。此时可观察到卸荷槽、吸油腔、压油腔等结构。

（2）从泵体中取出主动齿轮及轴、从动齿轮及轴。

（3）分解端盖与轴承、齿轮与轴、端盖与油封。

（4）装配步骤与拆卸步骤相反。

任务功能评价（25分）

序号	功能评价	成绩
1	齿轮泵是否能够正常运转	
2	是否有漏液现象出现	
3	运转中有无明显噪音	
4	性能是否符合规定要求	
	分项得分	

任务外观评价（15分）

序号	外观评价	成绩
1	各部件是否完全拆卸	
2	各零件安装是否正确、合理	
3	各零件有无损坏或丢失	
	分项得分	

续表

任务过程评价（60分）

序号	项目描述	评分标准	分值	成绩
1	正确选取和使用装拆工、量具	1.工量具选取不正确，每件扣1分； 2.工量具使用不当，每件扣1分	8	
2	拆卸工作流程是否正确	拆卸工作流程不合理，每处扣3分	15	
3	装配工作流程是否正确	装配工作流程不合理，每处扣3分	15	
4	装配调试	1.安装错、漏零件，每处扣2分； 2.零件安装不牢靠、松动，每处扣2分； 3.缺少必要的保护环节，每处扣2分； 4.调试方法不正确，扣2分	15	
5	安全文明生产	1.每违反一次《安全操作规程》，扣2分； 2.环境卫生差，扣2分； 3.造成零部件或工量具损坏，每件扣2分； 4.发生安全事故取消考试资格	7	
总评		分项得分		
		签字：	年 月 日	

任务二
叶片泵的装拆

工作任务	叶片泵的装拆
任务描述	本任务主要介绍叶片泵的工作原理、结构特点；主要零部件间的装配关系；叶片泵各部件的装拆步骤与流程
使用工具	内六方扳手、固定扳手、螺丝刀、卡簧钳、铜棒、棉纱、煤油
学习目标	技能点： 1.正确使用装拆工、量具； 2.掌握正确的拆卸、装配方法； 3.掌握常用叶片泵维修的基本方法。 知识点： 1.理解常用叶片泵的工作原理； 2.了解常用叶片泵的基本结构，熟悉各零件的名称、形状、用途及各零件之间的装配关系

一、单作用式变量叶片泵

以外反馈限压式变量叶片泵为例，其结构如图6-3所示。

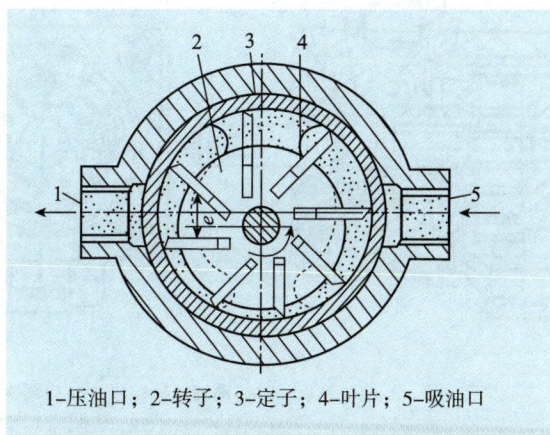

1-压油口；2-转子；3-定子；4-叶片；5-吸油口

图6-3　外反馈限压式变量叶片泵的结构

1.工作原理

单作用叶片泵由转子、定子、叶片、端盖等部件所组成。定子的内表面是圆柱形孔。转子和定子之间存在着偏心。叶片在转子的槽内可灵活滑动，在转子转动时的离心力以及通入叶片根部压力油的作用下，叶片顶部贴紧在定子内表面上，于是两相邻叶片、配油盘、定子和转子间便形成了一个个密封的工作腔。当转子按逆时针方向旋转时，叶片向外伸出，密封工作腔容积逐渐增大，产生真空，于是通过吸油口和配油盘上窗口将油吸入。叶片往里缩进，密封腔的容积逐渐缩小，密封腔中的油液经配油盘另一窗口和压油口被压出而输出到系统中去。这种泵在转子转一转过程中，吸油压油各一次，故称单作用泵。转子受到径向液压不平衡作用力，故又称非平衡式泵，其轴承负载较大。改变定子和转子间的偏心量，便可改变泵的排量，故这种泵都是变量泵。

2.装拆步骤

（1）拆下上端盖，取出调压螺钉3、调压弹簧4及弹簧座5等。

（2）拆下下端盖，取出调节螺钉10及柱塞11。

（3）拆下前端盖，取出滑块。

（4）拆下连接前泵体和后泵体的螺栓，拆开前泵体和后泵体。

（5）拆下右端盖。

（6）取出配油盘、转子和定子。

（7）装配步骤与拆卸步骤相反。

二、双作用叶片泵

以YB1型叶片泵为例，其结构如图6-4所示。

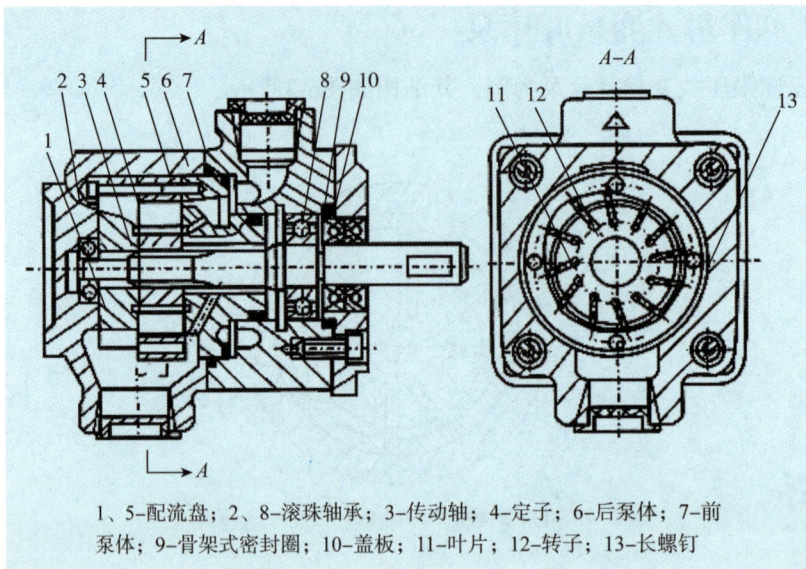

1、5-配流盘；2、8-滚珠轴承；3-传动轴；4-定子；6-后泵体；7-前泵体；9-骨架式密封圈；10-盖板；11-叶片；12-转子；13-长螺钉

图6-4　YB1型叶片泵

1. 工作原理

当传动轴 3 带动转子 12 转动时，装于转子叶片槽中的叶片在离心力和叶片底部压力油的作用下伸出，叶片顶部紧贴于定子表面，沿着定子曲线滑动。叶片从定子的短半径往定子的长半径方向运动时叶片伸出，使得由定子 4 的内表面、配流盘 1 和 5、转子和叶片所形成的密闭容腔不断扩大，通过配流盘上的配流窗口实现吸油。叶片从定子的长半径往定子的短半径方向运动时叶片缩进，密闭容腔不断缩小，通过配流盘上的配流窗口实现排油。转子旋转一周，叶片伸出和缩进两次。

2. 叶片泵结构

（1）定子和转子：定子的内表面是椭圆柱面，转子的外表面是圆柱面。定子与转子同心安装，无径向作用力。转子径向开有槽可以安置叶片。

（2）叶片：该泵共有 12 个叶片，流量脉动较偶数小。叶片后倾角为 24°，有利于叶片在惯性力的作用下向外伸出。

（3）配流盘：如图 6-5 所示，配流盘上有四个圆弧槽，其中 1 为压油窗口，2 为吸油窗口，3 和 4 是通叶片底部的油槽。1 与 2 接通，3 与 4 接通，这样可以保证，压油腔一侧的叶片底部油槽和压油腔相通，吸油腔一侧的叶片底部油槽与吸油腔相通，保持叶片的底部和顶部所受的液压力是平衡的。

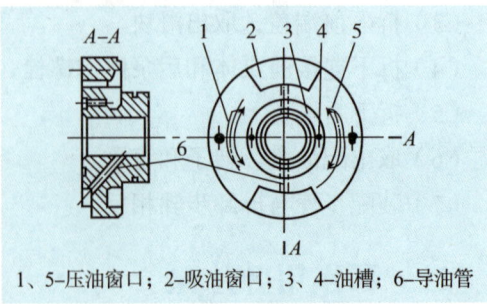

1、5-压油窗口；2-吸油窗口；3、4-油槽；6-导油管

图6-5　配流盘结构示意图

3.拆装步骤及注意事项

（1）拆解叶片泵时，先用内六方扳手取对称位置松开泵体上的螺栓后，取下螺栓，用铜棒轻轻敲打花键轴、前泵体及泵盖部分，将轴承拆下。

（2）观察后泵体内定子、转子、叶片、配流盘的安装位置，分析其结构、特点，理解工作过程。

（3）取下泵盖，取出花键轴，观察所用的密封元件，理解其特点、作用。

（4）拆卸过程中，遇到元件卡住的情况时，不要乱敲硬砸，请指导老师来解决。

（5）装配前，各零件必须仔细清洗干净，不得有切屑磨粒或其他污物。

（6）装配时，遵循先拆的部件后安装，后拆的零部件先安装的原则，正确合理地安装，注意配流盘、定子、转子、叶片应保持正确装配方向。安装完毕后，应使泵转动灵活，没有卡死现象。

（7）叶片在转子槽内，配合间隙为 0.015～0.025 mm；叶片高度略低于转子的高度，其值为 0.005 mm。

任务功能评价（25分）

序号	功能评价	成绩
1	叶片泵是否能够正常运转	
2	是否有漏液现象出现	
3	运转中有无明显噪音	
4	性能是否符合规定要求	
	分项得分	

任务外观评价（15分）

序号	外观评价	成绩
1	各部件是否完全拆卸	
2	各零件安装是否正确、合理	
3	各零件有无损坏或丢失	
	分项得分	

任务过程评价（60分）

序号	项目描述	评分标准	分值	成绩
1	正确选取和使用装拆工、量具	1.工量具选取不正确，每件扣1分； 2.工量具使用不当，每件扣1分	8	
2	拆卸工作流程是否正确	拆卸工作流程不合理，每处扣3分	15	
3	装配工作流程是否正确	装配工作流程不合理，每处扣3分	15	

序号	项目描述	评分标准	分值	成绩
4	装配调试	1.安装错、漏零件，每处扣2分； 2.零件安装不牢靠、松动，每处扣2分； 3.缺少必要的保护环节，每处扣2分； 4.调试方法不正确，扣2分	15	
5	安全文明生产	1.每违反一次《安全操作规程》，扣2分； 2.环境卫生差，扣2分； 3.造成零部件或工量具损坏，每件扣2分； 4.发生安全事故取消考试资格	7	
总评		分项得分		
		签字：	年　月　日	

任务三
轴向柱塞泵的装拆

工作任务	轴向柱塞泵的装拆
任务描述	本任务主要介绍轴向柱塞泵的工作原理、结构特点；主要零部件间的装配关系；轴向柱塞泵各部件的装拆步骤与流程
使用工具	内六方扳手、固定扳手、螺丝刀、卡簧钳、铜棒、棉纱、煤油
学习目标	技能点： 1.正确使用装拆工、量具； 2.掌握正确的拆卸、装配方法； 3.掌握常用轴向柱塞泵维修的基本方法。 知识点： 1.理解常用轴向柱塞泵的工作原理； 2.了解常用轴向柱塞泵的基本结构，熟悉各零件的名称、形状、用途及各零件之间的装配关系

一、轴向柱塞泵结构

以 SCY14-1B 型斜盘式轴向柱塞泵为例，其结构如图 6-6 所示。

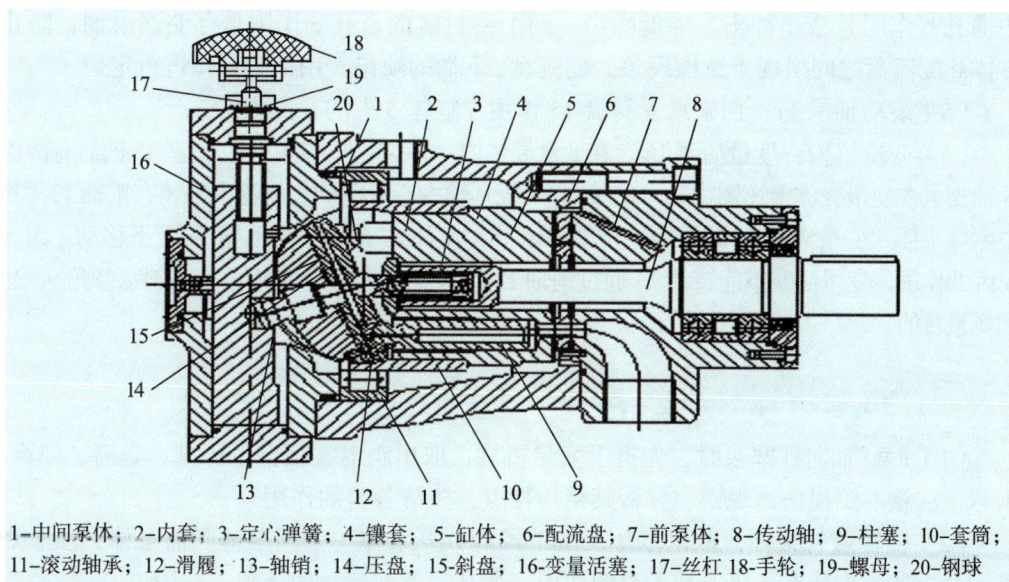

1-中间泵体；2-内套；3-定心弹簧；4-镶套；5-缸体；6-配流盘；7-前泵体；8-传动轴；9-柱塞；10-套筒；11-滚动轴承；12-滑履；13-轴销；14-压盘；15-斜盘；16-变量活塞；17-丝杠 18-手轮；19-螺母；20-钢球

图6-6　SCY14-1B型斜盘式轴向柱塞泵

1. 工作原理

当电机带动油泵的传动轴 8 旋转时，缸体 5 随之旋转，由于装在缸体中的柱塞 9 的球头部分上的滑靴 12 被回程盘压向斜盘 15，因此柱塞 9 将随着斜盘的斜面在缸体 5 中作往复运动。从而实现油泵的吸油和排油。油泵的配油是由配油盘 6 实现的。改变斜盘 15 的倾斜角度就可以改变油泵的流量输出。

2.结构特点

（1）缸体 5：缸体用铝青铜制成，它上面有七个与柱塞相配合的圆柱孔，其加工精度很高，以保证既能相对滑动，又有良好的密封性能。缸体中心开有花键孔，与传动轴 8 相配合。缸体右端面与配流盘 6 相配合。缸体外表面镶有钢套 4 并装在滚动轴承 11 上。

（2）柱塞 9 与滑履 12：柱塞的球头与滑履铰接。柱塞在缸体内作往复运动，并随缸体一起转动。滑履随柱塞做轴向运动，并在斜盘 15 的作用下绕柱塞球头中心摆动，使滑履平面与斜盘斜面贴合。柱塞和滑履中心开有直径 1 mm 的小孔，缸中的压力油可进入柱塞和滑履、滑履和斜盘间的相对滑动表面形成油膜，起静压支承作用。减小这些零件的磨损。

（3）定心弹簧机构：定心弹簧 3，通过内套 2、钢球 20 和回程盘将滑履压向斜盘，使活塞得到回程运动，从而使泵具有较好的自吸能力。同时，弹簧 3 又通过外套 10 使缸体 5 紧贴配流盘 6，以保证泵启动时基本无泄漏。

（4）配流盘 6：如图 6-7 所示为配流盘的结构。a 为压油腰形槽，c 为吸油腰形槽。外圈的环形槽 d 为卸荷槽，与吸油腔相通。两个密封区

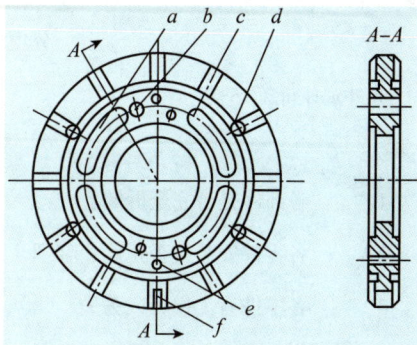

图6-7　配流盘

的通孔 b 作用是减小冲击、降低噪声。两个密封区的育孔 e 作用是存储润滑油，防止缸体和配流盘之间出现干摩擦现象。配流盘，下端的缺口，用来与泵体进行定位。

（5）滚动轴承 11：用来承受斜盘 15 作用在缸体 5 上的径向力。

（6）变量机构：变量活塞 16 装在变量壳体内，并与丝杆 17 相连。斜盘 15 前后有两根耳轴支承在变量壳体上（图中未示出），并可绕耳轴中心线摆动。斜盘中部装有销轴 13，其左侧球头插入变量活塞 16 的孔内。转动手轮 18，丝杆 17 带动变量活塞 16 上下移动（因导向键的作用，变量活塞不能转动），通过销轴 13 使斜盘 15 摆动，从而改变了斜盘倾角 γ，达到变量目的。

二、拆装步骤及注意事项

（1）拆解轴向柱塞泵时，先拆下变量机构，取出斜盘、柱塞、压盘、套筒、弹簧、刚球，注意不要损伤，观察、分析其结构特点，搞清各自的作用。

（2）轻轻敲打泵体，取出缸体，取下螺栓分开泵体为中间泵体和前泵体，注意观察、分析其结构特点，搞清楚各自的作用，尤其注意配流盘的结构、作用。

（3）拆卸过程中，遇到元件卡住的情况时，不要乱敲硬砸，请指导老师来解决。

（4）装配时，先装中间泵体和前泵体，注意装好配流盘，之后装上弹簧、套筒、钢球、压盘、柱塞；在变量机构上装好斜盘，最后用螺栓把泵体和变量机构连接为一体。

（5）装配中，注意不能最后把花键轴装入缸体的花键槽中，更不能猛烈敲打花键轴，避免花键轴推动钢球顶坏压盘。

（6）安装时，遵循先拆的部件后安装，后拆的零部件先安装的原则，安装完毕后应使花键轴带动缸体转动灵活，没有卡死现象。

任务功能评价（25 分）		
序号	功能评价	成绩
1	轴向柱塞泵是否能够正常运转	
2	是否有漏液现象出现	
3	运转中有无明显噪音	
4	性能是否符合规定要求	
	分项得分	

任务外观评价（15 分）		
序号	外观评价	成绩
1	各部件是否完全拆卸	
2	各零件安装是否正确、合理	
3	各零件有无损坏或丢失	
	分项得分	

续表

任务过程评价（60分）

序号	项目描述	评分标准	分值	成绩
1	正确选取和使用装拆工、量具	1. 工量具选取不正确，每件扣1分； 2. 工量具使用不当，每件扣1分	8	
2	拆卸工作流程是否正确	拆卸工作流程不合理，每处扣3分	15	
3	装配工作流程是否正确	装配工作流程不合理，每处扣3分	15	
4	装配调试	1. 安装错、漏零件，每处扣2分； 2. 零件安装不牢靠、松动，每处扣2分； 3. 缺少必要的保护环节，每处扣2分； 4. 调试方法不正确，扣2分	15	
5	安全文明生产	1. 每违反一次《安全操作规程》，扣2分； 2. 环境卫生差，扣2分； 3. 造成零部件或工量具损坏，每件扣2分； 4. 发生安全事故取消考试资格	7	
总评		分项得分		
		签字：	年　月　日	

任务四

液压控制阀的装拆

工作任务	液压控制阀的装拆
任务描述	液压阀是一种用压力油操作的自动化元件，通常与电磁配压阀组合使用，常用于夹紧、控制、润滑等油路，也可用于远距离控制水电站油、气、水管路系统的通断。 本任务主要介绍液压阀的工作原理、结构特点；主要零部件间的装配关系；从液压阀各部件的装拆步骤与流程
使用工具	内六方扳手、固定扳手、螺丝刀、卡簧钳、铜棒、棉纱、煤油
学习目标	技能点： 1. 正确使用装拆工、量具； 2. 掌握正确的拆卸、装配及安装连接方法； 3. 掌握常用液压阀维修的基本方法。 知识点： 1. 理解常用液压阀的工作原理； 2. 了解常用液压阀的基本结构，熟悉各零件的名称、形状、用途及各零件之间的装配关系

一、电磁换向阀

1. 工作原理

利用阀芯和阀体间相对位置的改变来实现油路的接通或断开，以满足液压回路的各种要求。电磁换向阀两端的电磁铁通过推杆来控制阀芯在阀体中的位置。

2. 拆装步骤及注意事项

以 35E—25D 电磁阀为例，其结构如图 6-8 所示。

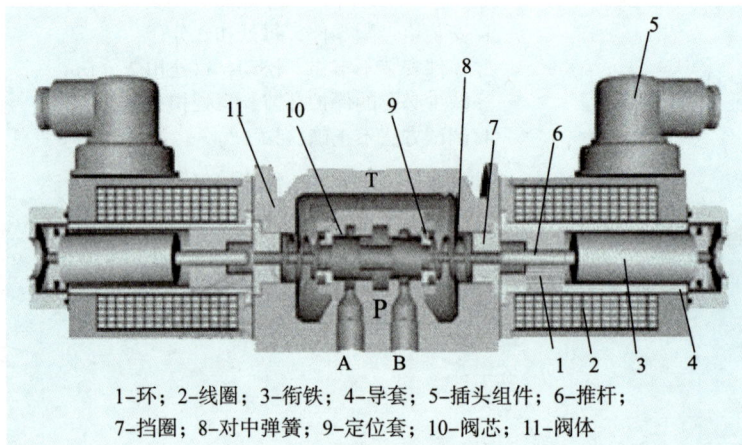

1-环；2-线圈；3-衔铁；4-导套；5-插头组件；6-推杆；
7-挡圈；8-对中弹簧；9-定位套；10-阀芯；11-阀体

图6-8　三位四通电磁换向阀

（1）找出压油口 P，回油口 T 和 A、B 两个工作油口。

（2）将电磁阀的电磁铁和阀体分开，观察并分析工作过程，依次轻轻取出推杆、对中弹簧、阀芯，了解电磁阀阀芯的台肩结构，弄清楚换向阀的工作原理。拆卸中应用铜棒敲打零部件，以免损坏零部件。

（3）遵循先拆的部件后安装，后拆的零部件先安装的原则，按原样装配。装配电磁阀时，轻轻装上阀芯，使其受力均匀，防止阀芯卡住不能动作。

（4）注意拆装中弄脏的零部件应用煤油清洗后才可装配。

二、单向阀

1. 工作原理

压力油从 p_1 口流入，克服作用于阀芯上的弹簧力开启由 p_2 口流出。反向在压力油及弹簧力的作用下，阀芯关闭出油口。

2. 拆装步骤及注意事项

以 I-25 型单向阀为例，其结构如图 6-9 所示。

（1）观察直角式单向阀的外观，找出进油口 P_1，出油口 P_2。

（2）观察阀芯结构（钢球式或锥芯式），了解弹簧的刚度及作用，分析其工作原理，理解其结构、特点。

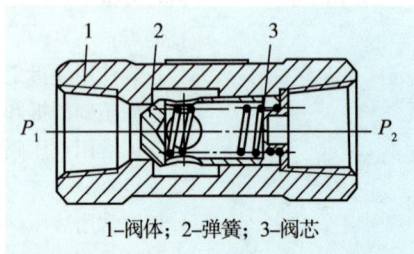

1-阀体；2-弹簧；3-阀芯

图6-9　I-25 型单向阀结构示意图

（3）注意拆装中弄脏的零部件应用煤油清洗后才可装配。

三、溢流阀

1. 工作原理

图6-10为先导式溢流阀的结构图。该阀共分两部分，左边是主阀部分，右边是先导阀部分。该阀的特点是利用主阀芯6左右两端的压力差与弹簧力相平衡来控制阀芯移动的。压力油通过进油口进入P腔后，再经孔e和f进入阀芯的左腔，同时油液又经阻尼小孔d进入阀芯的右腔并经c孔和b孔作用于先导调压阀锥阀4上，与弹簧3的弹簧力平衡。当系统压力P较低时，锥阀4闭合，主阀芯6左右腔压力近乎相等，溢流口关闭，P、T不通，主阀芯在弹簧力的作用下，处于最左端。当系统压力升高并大于先导阀弹簧3的调定压力时，锥阀4被打开，主阀芯右腔的压力油经锥阀4、小孔α，回油腔T流回油箱。这时由于主阀阀芯6的阻尼孔d的作用产生压降，所以阀芯6右腔的压力低于左腔的压力，当阀芯6左右两端压力差超过弹簧5的作用力时，阀芯向右推，进油腔P和回油腔T接通，实现溢流作用。调节螺帽1，可通过弹簧座2调节调压弹簧3的压紧力，从而调定液压系统的压力。更换不同刚度的调压弹簧，便可得到不同的调压范围。

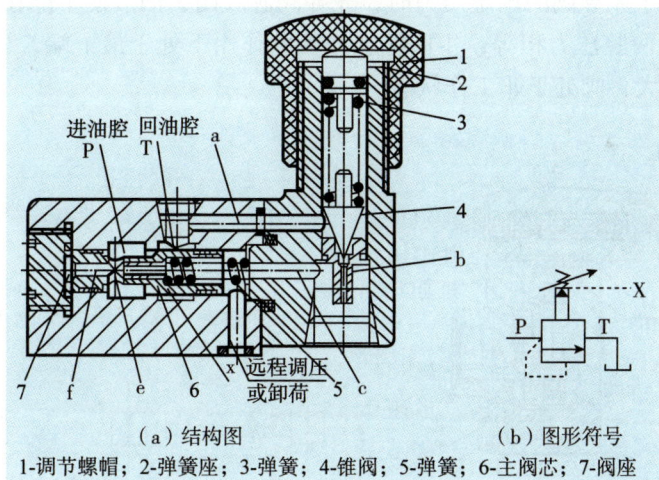

（a）结构图　　　　　　　　　（b）图形符号

1-调节螺帽；2-弹簧座；3-弹簧；4-锥阀；5-弹簧；6-主阀芯；7-阀座

图6-10　先导式溢流阀

由于该溢流阀的先导间结构尺寸较小，调压弹簧刚度较小，因此压力调整比较轻便。但需要先导阀和主阀都动作后才起控制作用，因此反应不如直动式溢流阀灵敏。先导式溢流阀中主阀弹簧主要用于克服阀芯的摩擦力，弹簧刚度小。当溢流量变化引起主阀弹簧压缩量变化时，弹簧力变化较小。因此间的进口压力变化也较小，故先导式溢流阀调压稳定性好。因先导式溢流间是由先导阀来控制和调节溢流压力，而由主阀来溢流，故在工作过程中振动小、噪声低、压力较稳定，它适用于高压、大流量的场合。

2. 拆装步骤及注意事项

（1）观察YF型先导式溢流阀的外观，找出进油口P、回油口T、远程调压口及安装阀芯用的中心圆孔，从出油口向里窥视，可以看见阀口是被阀芯堵死的，阀口被遮盖量约为 2 毫米左右。

（2）用内六方扳手取对称位置松开阀体上的螺栓后，取下螺栓，用铜棒轻轻敲打使先导阀和主阀分开，轻轻取出阀芯，注意不要损伤，观察、分析其结构特点及作用。

（3）取出弹簧，观察先导调压弹簧、主阀复位弹簧的大小和刚度的不同。

（4）观察、分析其结构特点，掌握溢流阀的工作原理。

（5）装配时，遵循先拆的零部件后安装，后拆的零部件先安装的原则，特别注意装配阀芯，防止阀芯卡死，保证溢流阀能正常工作。

（6）注意拆装中弄脏的零部件应用煤油清洗后才可装配。

四、减压阀

1. 工作原理

图 6-11 为先导减压阀的结构原理。减压阀没有工作时，由于弹簧力的作用，主阀芯处在下端的极限位置，阀口是常通的。在减压阀通入压力油时，压力油由阀的进油口 P_1 流入，经减压阀口减压后由出口 P_2 流出，出口压力油经阀体与端盖上的通道流到主阀芯的下腔，再经阀芯上的阻尼孔 9 流到主阀芯的上腔，最终作用在先导阀芯上。当出油口压力低于先导阀的调定压力时，先导阀芯关闭，油液便不能在阻尼孔内流动，则主阀芯上、下两腔压力相等，主阀芯在弹簧的作用下处于最下端，缝隙值最大，即减压口开度为最大，阀处于非工作状态。

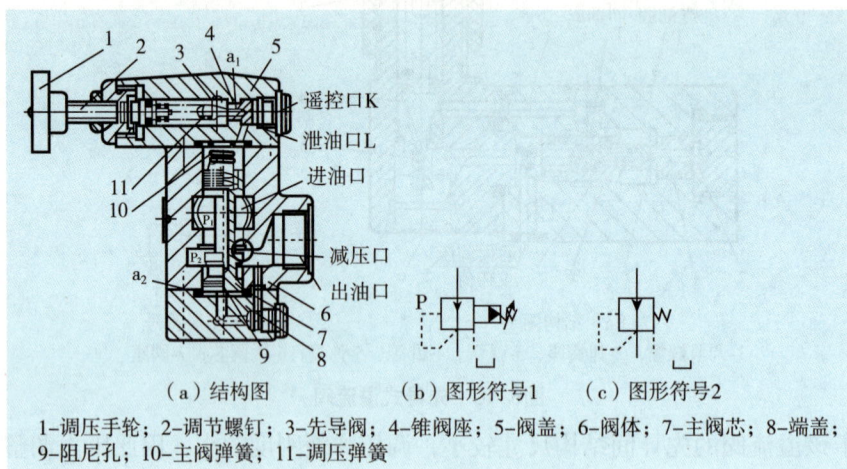

1-调压手轮；2-调节螺钉；3-先导阀；4-锥阀座；5-阀盖；6-阀体；7-主阀芯；8-端盖；9-阻尼孔；10-主阀弹簧；11-调压弹簧

（a）结构图　　（b）图形符号1　　（c）图形符号2

图6-11　先导式减压阀

2. 拆装步骤及注意事项

（1）观察 JF 型减压阀的外观，找出进油口 P_1，出油口 P_2 和泄油口。从出油口向里窥视，可以看见阀口是打开的。

（2）用内六方扳手取对称位置松开阀体上的螺栓后，取下螺栓，用铜棒轻轻敲打使先导阀和主阀分开，轻轻取出阀芯，注意不要损伤，观察、分析其结构特点，搞清楚各自的作用。

（3）观察、分析其结构特点，掌握工作原理，比较与溢流阀的不同之处。

（4）装配时，遵循先拆的部件后安装，后拆的零部件先安装的原则。特别注意装配阀芯，防止阀芯卡死，正确合理的安装，保证减压阀能正常工作。

（5）注意拆装中弄脏的零部件应用煤油清洗后才可装配。

五、节流阀

1. 工作原理

转动手柄3，通过推杆2使阀芯1作轴向移动，从而调节节流阀的通流截面积，使流经节流阀的流量发生变化。

2. 拆装步骤及注意事项

以L-10B型节流阀为例，其结构如图6-12所示。

（1）观察节流阀的外观，找出进油口 P_1，出油口 P_2。

（2）用内六方扳手松开阀体上的螺栓后，取下螺栓，轻轻取出阀芯，注意不要损伤，观察、分析节流口的形状结构特点。

（3）根据节流阀的结构特点，理解工作过程。

（4）装配时，遵循先拆的部件后安装，后拆的零部件先安装的原则，特别注意小心装配阀芯，防止阀芯卡死，正确合理的安装，保证减压阀能正常工作。

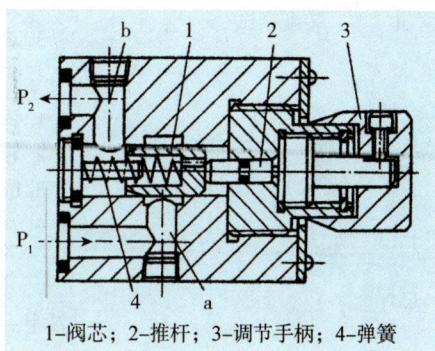

1-阀芯；2-推杆；3-调节手柄；4-弹簧

图6-12　L-10B型节流阀结构示意图

（5）注意拆装中弄脏的零部件应用煤油清洗后才可装配。

任务功能评价（25分）

序号	功能评价	成绩
1	液压控制阀是否能够正常工作	
2	是否有漏液现象出现	
3	运转中有无明显噪音	
4	性能是否符合规定要求	
	分项得分	

任务外观评价（15分）

序号	外观评价	成绩
1	各部件是否完全拆卸	
2	各零件安装是否正确、合理	
3	各零件有无损坏或丢失	
	分项得分	

任务过程评价（60分）

序号	项目描述	评分标准	分值	成绩
1	正确选取和使用装拆工、量具	1.工量具选取不正确，每件扣1分； 2.工量具使用不当，每件扣1分	8	
2	拆卸工作流程是否正确	拆卸工作流程不合理，每处扣3分	15	
3	装配工作流程是否正确	装配工作流程不合理，每处扣3分	15	
4	装配调试	1.安装错、漏零件，每处扣2分； 2.零件安装不牢靠、松动，每处扣2分； 3.缺少必要的保护环节，每处扣2分； 4.调试方法不正确，扣2分	15	
5	安全文明生产	1.每违反一次《安全操作规程》，扣2分； 2.环境卫生差，扣2分； 3.造成零部件或工量具损坏，每件扣2分； 4.发生安全事故取消考试资格	7	
总评		分项得分		
		签字：	年 月 日	

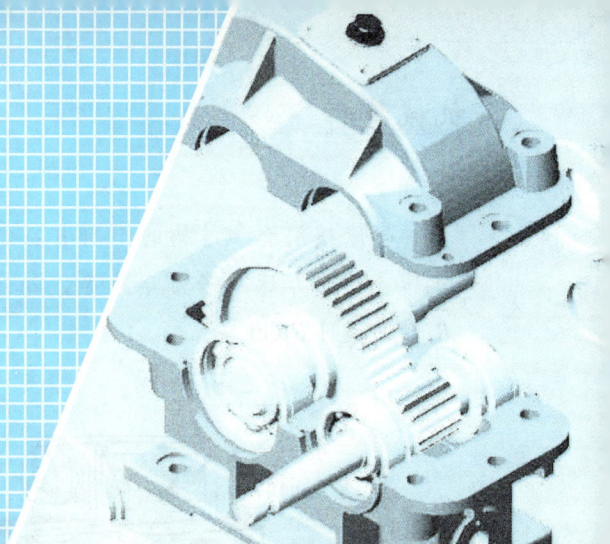

项目七

车床的装拆

▲ 学习目标

知识目标：

1. 了解 CA6140 型车床工作原理。
2. 了解 CA6140 型车床床头箱构造。
3. 掌握装拆安全操作规程及基本知识。

技能目标：

1. 能够正确选取和使用拆装工具。
2. 能够根据国家标准《机械制图》的有关规定正确识读装配图。
3. 学会制定正确的装拆工作计划。

▲ 项目导入

车床是机床的一种，主要用于加工轴、盘、套和其他具有回转表面的工件，如内外圆柱面、内外圆锥面、内外螺纹以及端面、沟槽、滚花等，如图7-1所示。它是金属切削机床中使用最广泛的一种机床。

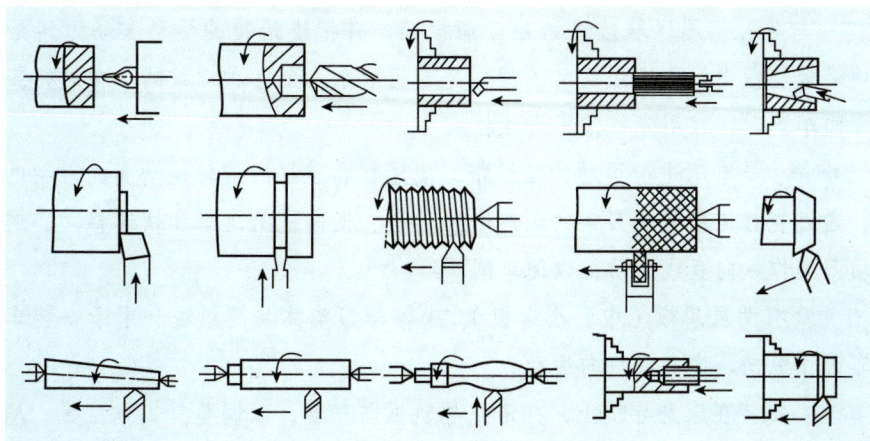

图7-1 车削加工的主要工艺类型

车床按用途和结构的不同主要分为卧式车床、落地车床、立式车床、转塔车床、仿形车床及多刀车床等。卧式车床加工精度可达 IT8~IT7，表面粗糙度 R_a 值可达 $1.6\mu m$。

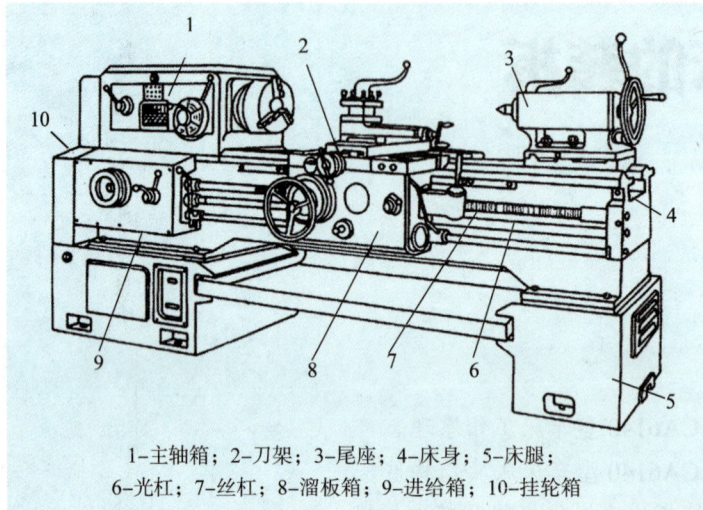

1-主轴箱；2-刀架；3-尾座；4-床身；5-床腿；
6-光杠；7-丝杠；8-溜板箱；9-进给箱；10-挂轮箱

图7-2　车床构造

车床的主要组成部件有：主轴箱、交换齿轮箱、进给箱、溜板箱、刀架、尾座、光杠、丝杠、床身、床腿和冷却装置，如图7-2所示。

主轴箱：又称床头箱，主要是将主电机的旋转运动经过一系列的变速机构使主轴得到所需的正反两种转向的不同转速，同时主轴箱分出部分动力将运动传给进给箱。主轴箱中主轴是车床的关键零件。主轴在轴承上运转的平稳性直接影响工件的加工质量，一旦主轴的旋转精度降低，则机床的使用价值就会降低。

进给箱：又称走刀箱，进给箱中装有进给运动的变速机构，调整其变速机构，可得到所需的进给量或螺距，通过光杠或丝杠将运动传至刀架以进行切削。

丝杠与光杠：用以联接进给箱与溜板箱，并把进给箱的运动和动力传给溜板箱，使溜板箱获得纵向直线运动。丝杠是专门用来车削各种螺纹的。在进行工件的其他表面车削时，只用光杠，不用丝杠。

溜板箱：是车床进给运动的操纵箱，使光杠和丝杠的旋转运动变成刀架的直线运动，通过光杠传动实现刀架的纵向进给运动、横向进给运动和快速移动，通过丝杠带动刀架作纵向直线运动，以便车削螺纹。

刀架：有两层滑板（中、小滑板）、床鞍与刀架体共同组成。用于安装车刀并带动车刀作纵向、横向或斜向运动。

尾座：安装在床身导轨上，并沿此导轨纵向移动，以调整其工作位置。尾座主要用来安装后顶尖，以支撑较长工件，也可安装钻头、铰刀等进行孔加工。

　　床身：是车床带有精度要求很高的导轨（山形导轨和平导轨）的一个大型基础部件，用于支撑和连接车床的各个部件，并保证各部件在工作时有准确的相对位置。

　　冷却装置：主要通过冷却水泵将水箱中的切削液加压后喷射到切削区域，降低切削温度，冲走切屑，润滑加工表面，以提高刀具使用寿命和工件的表面加工质量。

　　车床传动系统如图7-3所示，车床主轴如图7-4所示。

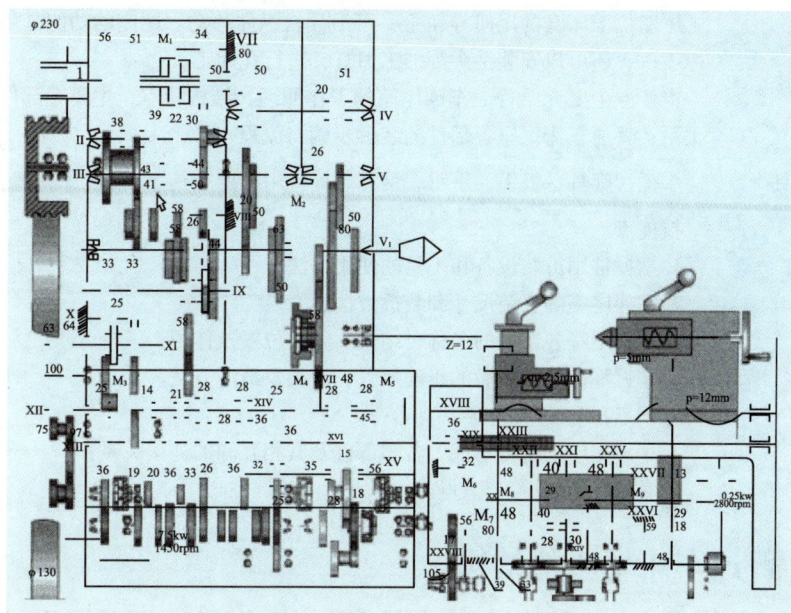

图7-3　车床传动系统

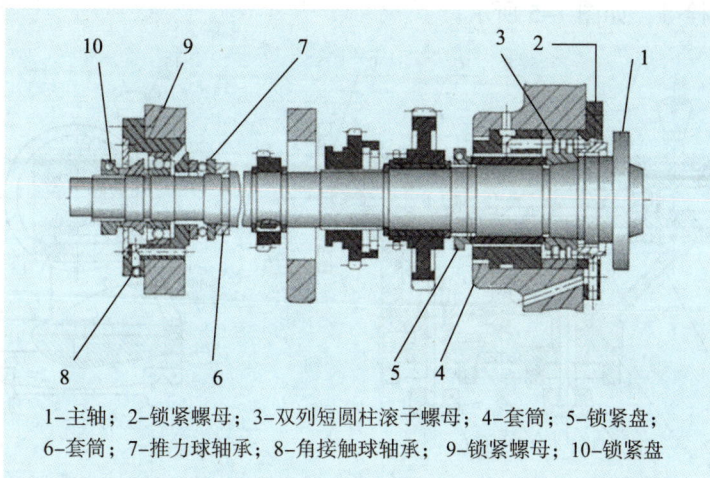

1-主轴；2-锁紧螺母；3-双列短圆柱滚子螺母；4-套筒；5-锁紧盘；
6-套筒；7-推力球轴承；8-角接触球轴承；9-锁紧螺母；10-锁紧盘

图7-4　车床主轴

任务一
普通车床尾座的装拆

工作任务	CA6140 车床尾座的装拆
任务描述	尾座位于床身的尾座导轨上，可沿导轨纵向移动。尾座的功能是用后顶尖支撑工件，还可以安装钻头等加工刀具，进行孔加工。 本任务主要介绍普通车床尾座的工作原理、结构特点；主要零部件间的装配关系；普通车床尾座各部件的装拆步骤与流程
使用工具	手锤、旋具、扳手、手钳、钢直尺等常用装拆工具
学习目标	技能点： 1.掌握常用拆装设备和工具的使用方法； 2.掌握尾座的安装尺寸和装拆方法； 3.掌握尾座各部件的名称、结构、安装位置及作用； 4.掌握零部件拆装后的正确放置、分类及清洗方法。 知识点： 1.了解尾座的机械总成、各零部件及其相互间的连接关系； 2.掌握尾座装拆工艺过程

一、普通车床尾座的结构

车床的尾座一般由多个零件组成，如尾座体、尾座垫板、紧固螺母、紧固螺栓、压板、尾座套筒、丝杠螺母、螺母压盖、手轮、丝杠、压紧块手柄、上压紧快、下压紧快、调整螺栓等，如图7-5所示。

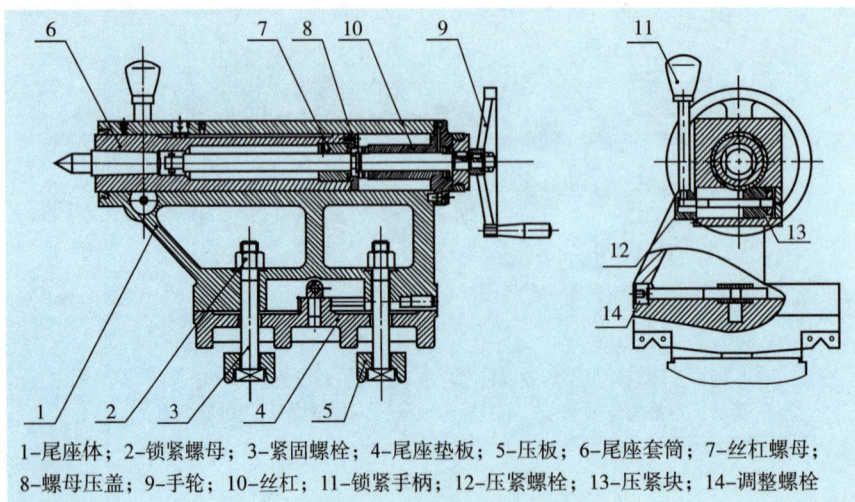

1-尾座体；2-锁紧螺母；3-紧固螺栓；4-尾座垫板；5-压板；6-尾座套筒；7-丝杠螺母；8-螺母压盖；9-手轮；10-丝杠；11-锁紧手柄；12-压紧螺栓；13-压紧块；14-调整螺栓

图7-5 车床尾座结构

二、工具准备

根据车床尾座结构，实施拆装任务需要准备以下工、量具，如表7-1所示。

表7-1　使用的工具及用途

序号	工量具	规　　格	主要用途
1	手锤	0.5磅 1磅	用于敲击拆卸
2	旋具	一字螺丝刀 十字螺丝刀	用于旋紧或松退螺钉
3	扳手	套装固定扳手	用于旋紧或松退螺栓、螺母
4	手钳	尖嘴钳	用于夹持零件
5	钢直尺	0~150 mm	用于测量长度尺寸

三、CA6140型卧式车床尾座的拆卸

1. 车床尾座拆装工艺流程及操作规范

（1）拆前看清组合件的方向、位置排列等，以免装配时搞错。

（2）拆下的零件要有秩序地摆放整齐，做到键归槽、钉插孔、滚珠丝杠盒内装。

（3）注意安全，拆卸时要防止箱体倾倒或掉下，拆下零件要往桌案里边放，以免掉下砸人。

（4）拆卸零件时，不准用铁锤猛砸，当拆不下或装不上时不要硬来，分析原因（看图）搞清楚后再拆装。

（5）在扳动手柄观察传动时不要将手伸入传动件中，防止挤伤。

2. 车床尾座拆卸步骤

（1）拆尾座套筒锁紧装置。逆时针旋转套筒6压紧块手柄11，直至取下套筒锁紧开合螺母13。

（2）拆套筒组件。取下手轮9，拆卸丝杠端盖，再将手轮9装上，反时针旋转手轮，将丝杠10从螺母7中退出；拆下手轮9与平面推力球轴承8；从套筒6上拆下丝杠螺母7，取出尾座套筒6。

（3）松开尾座锁紧螺母2，旋转压板5，取下尾座1，松开尾座紧固螺栓3，将尾座1拉出床身，放置在木板上。

（4）拆卸尾座紧固机构。拆卸尾座锁紧手柄11，杠杆机构、压板、紧固螺丝。拆卸尾座底座，将底座朝上，松开尾座横向调节螺丝14，取下尾座底板4。

（5）清洗存放。将拆卸的零件清洗干净，顺序放置，丝杠吊起。

四、CA6140型卧式车床尾座的安装

以床身尾座导轨为基准，配刮尾座底板，使其达到精度要求，再将尾座部件装在床身上。

安装时，将试配过的丝杠装上，盖上压盖并将螺钉孔和销孔加工完毕。套筒和尾座体要配合良好，以手能推入为宜。零件全部装好后，注入润滑油，运动部位的滑动要感觉轻快自如。尾座套筒的前端有一对压紧块，它与套筒有一抛物线状接触面，若接触面积低于70%，要用涂色法并用锉刀或刮刀修整，使其接触面符合要求。接触表面的表面粗糙度值要尽量低，防止研伤套筒。

任务功能评价（25分）

序号	功能评价	成绩
1	车床尾座是否能够正常工作	
2	安装精度是否符合要求	
3	工作中有无明显噪音、振动	
4	工作性能是否符合规定要求	
	分项得分	

任务外观评价（15分）

序号	外观评价	成绩
1	各部件是否完全拆卸	
2	各零件安装是否正确、合理	
3	各零件有无损坏或丢失	
	分项得分	

任务过程评价（60分）

序号	项目描述	评分标准	分值	成绩
1	正确选取和使用装拆工、量具	1.工量具选取不正确，每件扣1分； 2.工量具使用不当，每件扣1分	8	
2	拆卸工作流程是否正确	拆卸工作流程不合理，每处扣3分	15	
3	装配工作流程是否正确	装配工作流程不合理，每处扣3分	15	
4	装配调试	1.安装错、漏零件，每处扣2分； 2.零件安装不牢靠、松动，每处扣2分； 3.缺少必要的保护环节，每处扣2分； 4.调试方法不正确，扣2分	15	

续表

序号	项目描述	评分标准	分值	成绩
5	安全文明生产	1.每违反一次《安全操作规程》，扣2分； 2.环境卫生差，扣2分； 3.造成零部件或工量具损坏，每件扣2分； 4.发生安全事故取消考试资格	7	
总评		分项得分		
		签字：	年 月 日	

任务二
普通车床主轴箱的装拆

工作任务	车床主轴箱的装拆
任务描述	主轴箱是车床的重要组成部件，通常采用多级齿轮传动系统，经主轴箱内各级传动齿轮和传动轴，将动力传递到主轴上，从而使主轴获得规定的转速和方向。 　　本任务主要介绍普通车床主轴箱各部件结构特点及其工作原理；车床主轴箱各部件的装拆工艺与流程
使用工具	手锤、旋具、扳手、手钳、钢直尺、卡钳、游标卡尺、千分尺、圆角规等常用装拆工量具
学习目标	技能点： 1.掌握常用拆装设备和工具的使用方法； 2.掌握主轴箱的装拆方法； 3.掌握主轴箱传动系统分析及传动系统图的绘制方法； 4.掌握机构的拆卸及零件的清洗和检验方法。 知识点： 1.了解主轴箱的工作原理； 2.了解主轴箱主要部件的结构及功能

一、CA6140型车床主轴箱结构

　　CA6140型车床的主轴箱主要由卸荷式皮带轮、双向式多片摩擦离合器及制动机构、主轴组件、滑动齿轮的变速操纵机构等组成。图7-6为CA6140型卧式车床主轴箱展开图，它是将传动轴沿轴心线剖开，按照传动的先后顺序将其展开而形成的。

1.卸荷式皮带轮

主电动机通过带传动使轴Ⅰ旋转，为提高轴Ⅰ旋转的平稳性，轴Ⅰ上的带轮采用了卸荷结构。如图7-6所示，带轮1通过螺钉与花键套2联成一体，支承在法兰3内的两个深沟球轴承上。法兰3则用螺钉固定在主轴箱体4上。当带轮1通过花键套2的内花键带动轴Ⅰ旋转时，传动带作用于带轮上的拉力经花键套2通过两个深沟球轴承经法兰3传至箱体4，从而使轴Ⅰ只受转矩，而免受径向力作用，减少轴Ⅰ的弯曲变形，提高传动的平稳性及传动件的使用寿命。我们把这种卸掉作用在轴Ⅰ上由传动带拉力产生的径向载荷的装置称为卸荷装置。

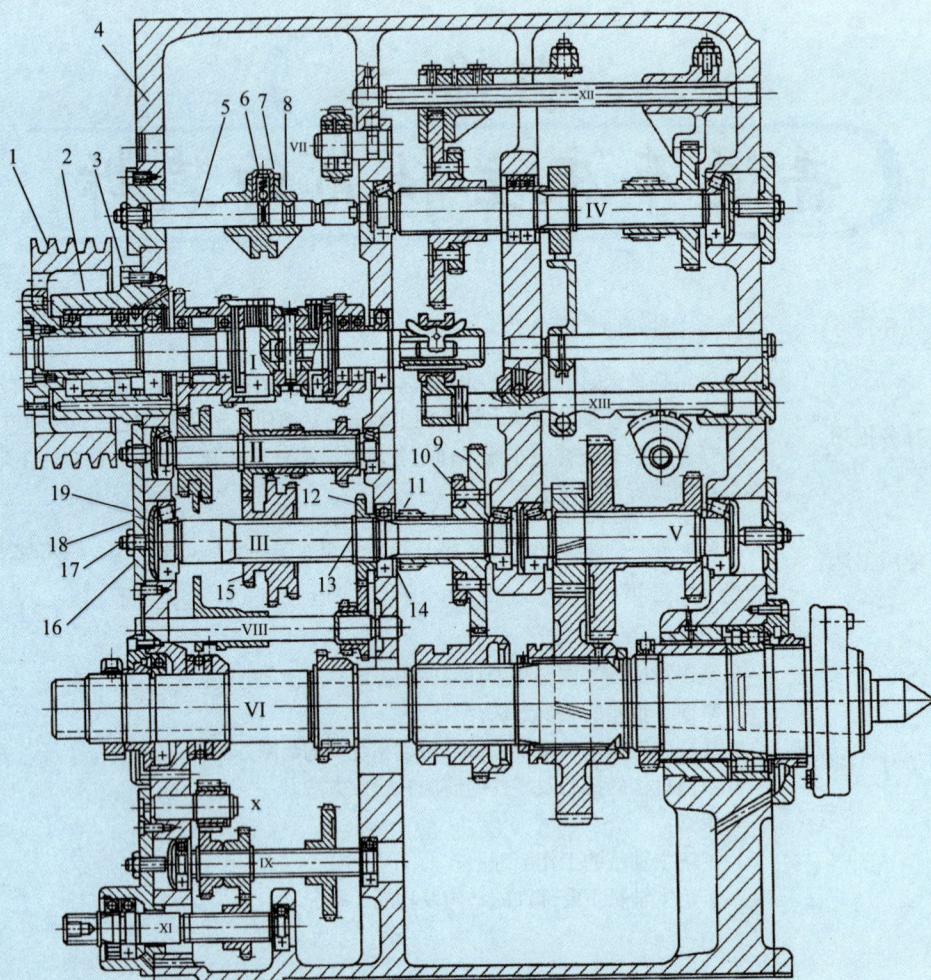

1-卸荷式带轮；2-花键套筒；3-法兰；4-箱体；5-导向轴；6-调节螺钉；7-螺母；8-拨叉；9、10、11、12-齿轮；13-弹簧卡圈；14-垫圈；15-三联齿轮；16-轴承盖；17-螺钉；18-锁紧螺母；19-压盖

图7-6 CA6140型卧式车床主轴箱展开图

2. 双向式多片摩擦离合器及制动机构

轴 I 上装有双向多片式摩擦离合器 M1，其结构及工作原理如图 7-7 所示。摩擦离合器由内摩擦片 3、外摩擦片 2、压块 8 和螺母 9、销子 5、推拉杆 7 等组成。离合器左右两部分的结构是相同的。图 7-7（a）表示的是左离合器结构，内摩擦片 3 的孔是花键孔，装在轴 I 的花键上，随轴 I 旋转，其外径略小于双联空套齿轮 1 套筒的内孔，不能直接传动空套齿轮 1。外摩擦片 2 的孔是圆孔，其孔径略大于花键轴的外径，其外圆上有 4 个凸起，嵌在空套齿轮 1 套筒的 4 个缺口中，所以空套齿轮 1 随外摩擦片一起旋转，内外摩擦片相间安装。当推拉杆 7 通过销子 5 向左推动压块 8 时，将内外摩擦片压紧。轴 I 的转矩由内摩擦片 3 通过内外摩擦片之间的摩擦力传给外摩擦片 2，再由外摩擦片 2 传动空套齿轮 1，使主轴正转。同理，当压块 8 向右压时，主轴反转。压块 8 处于中间位置时，左右内外摩擦片无压力作用，离合器脱开，主轴停转。

离合器由手柄 18 操纵，手柄 18 向上扳绕支撑轴 19 逆时针摆动，拉杆 20 向外，曲柄 21 带动齿扇 17 作顺时针转动（由上向下观察），齿条轴 22 向右移动，带动拨叉 23 及滑套 12 右移，滑套 12 右面迫使元宝形摆块 6 绕其装在轴 I 上的销轴顺时针摆动，其下端的凸缘向左推动装在轴 I 孔中的推拉杆 7 向左移动，推拉杆 7 通过销子 5 带动压块 8 向左压紧内外摩擦片，实现主轴正转。同理，将手柄 18 扳至下端位置时，右离合器压紧，主轴反转。当手柄 18 处于中间位置时，离合器脱开，主轴停止转动。为了操纵方便，支撑轴 19 上装有两个操纵手柄 18，分别位于进给箱的右侧和滑板箱的右侧。

摩擦离合器的摩擦片传递转矩大小在摩擦片数量一定的情况下取决于摩擦片之间压紧力的大小，其压紧力的大小是根据额定转矩调整的。当摩擦片磨损后，压紧力减小，这时可进行调整，其调整方法是用工具将防松的弹簧销 4 压进压块 8 的孔内，旋转螺母 9，使螺母 9 相对压块 8 转动，螺母 9 相对压块 8 产生轴向左移，直到能可靠压紧摩擦片，松开弹簧销 4，并使其重新卡入螺母 9 的缺口中，防止其松动。

为了在摩擦离合器松开后克服惯性作用，使主轴迅速降速或停止，在主轴箱内的轴 IV 上装有制动装置如图 7-7（b）所示。制动装置由通过花键与轴 IV 连接的制动盘 16、制动钢带 15、杠杆 14 以及调整装置等组成。制动钢带一端通过调节螺钉 13 与箱体连接，另一端固定在杠杆上端。当杠杆 14 绕其转轴逆时针摆动时，拉动制动钢带，使其包紧在制动轮上，并通过制动钢带与制动轮之间的摩擦力使主轴得到迅速制动。制动力矩的大小可通过调节螺钉 13 进行调整。

双向式多片摩擦离合器与制动装置采用同一操纵机构控制，如图 7-7（c）所示。要求停车（即离合器 M1 处于中位）时，主轴能迅速制动；开车（即离合器 M1 处于左或右位）时，制动钢带应完全松开。当抬起或压下手柄 18 时，通过拉杆 20、曲柄 21 及扇齿 17，使齿条轴 22 向左或向右移动，再通过元宝形摆块 6、推拉杆 7 使左边或右边离合器结合，从而使主轴正转或反转。此时杠杆 14 下端位于齿条轴圆弧形凹槽内，制动钢带处于松开状态。当操纵手柄 18 处于中间位置时，齿条轴 22 和滑套 12 也处于中间位置，摩擦离合器左、右摩擦片组都松开，主轴与运动源断开。这时，杠杆 14 下端被齿条轴两凹槽间凸起部分顶起，从而拉紧制动钢带，使主轴迅速制动。

3. 主轴组件

主轴组件是车床的关键部分，工作时工件装夹在主轴上，并由其直接带动旋转做主运动。

主轴前端如图 7-8 所示，采用精密的莫氏 6 号锥孔，用于安装卡盘或拨盘。拨盘或卡盘座 4 由主轴 3 端部的短圆锥面和法兰端面定位，由卡口垫 2 和插销螺栓 5 紧固，螺钉 1 锁紧。这种结构装卸方便，工作可靠，定心精度高，由于轴前端的悬伸长度较短，有利于提高主轴组件的刚度。

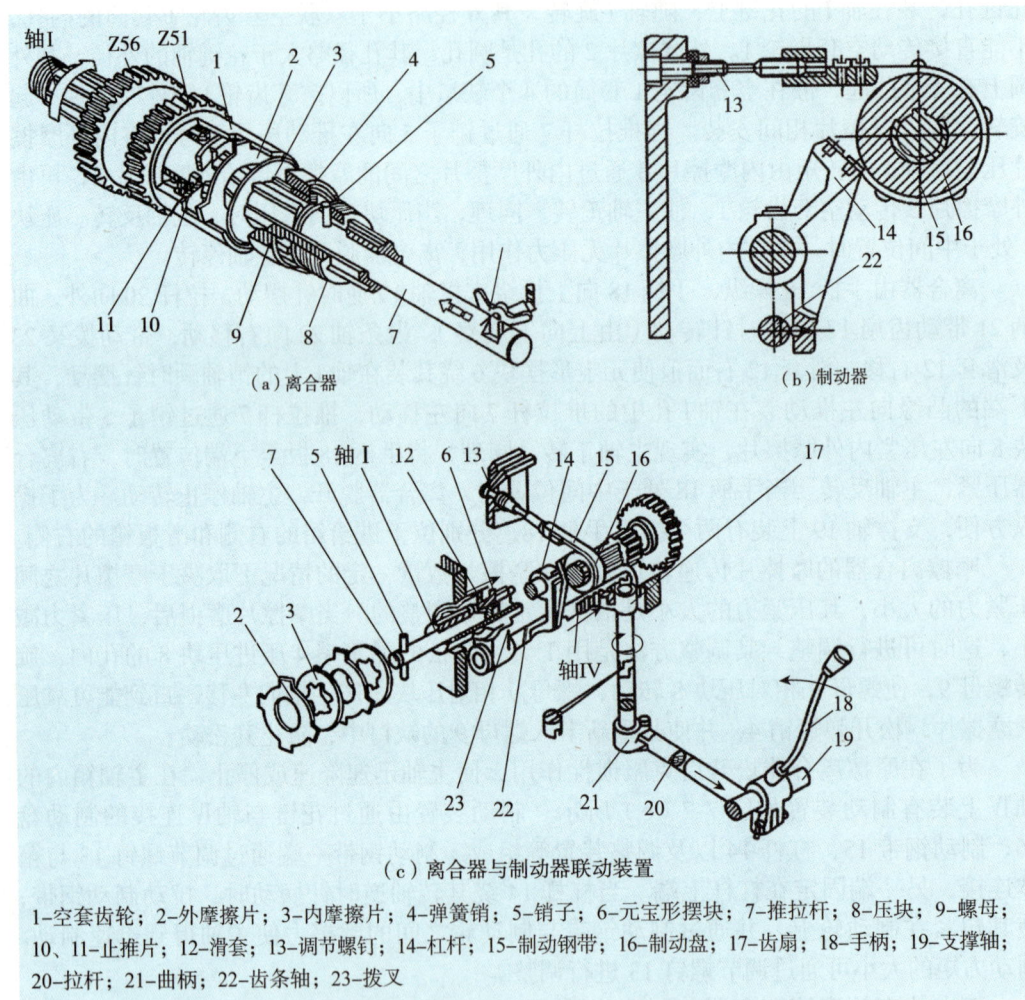

（a）离合器

（b）制动器

（c）离合器与制动器联动装置

1-空套齿轮；2-外摩擦片；3-内摩擦片；4-弹簧销；5-销子；6-元宝形摆块；7-推拉杆；8-压块；9-螺母；10、11-止推片；12-滑套；13-调节螺钉；14-杠杆；15-制动钢带；16-制动盘；17-齿扇；18-手柄；19-支撑轴；20-拉杆；21-曲柄；22-齿条轴；23-拨叉

图7-7 摩擦离合器、制动器及其操纵机构

CA6140 车床的主轴组件的轴承支承方式有三支承和两支承两种形式。图 7-9 为两支承结构。主轴的前支承为双列圆柱滚子轴承 4，用于承受径向力。后支承有两个滚动轴承，角接触球轴承 18 用于承受径向力和主轴受的向右的轴向力，向心推力球轴承 16 用于承受主轴受的向左的轴向力。主轴轴承应在无间隙（或少量过盈）条件下运转，故主轴组件在结构上应保证能够调整轴承间隙。调整前支承的间隙时，逐渐拧紧螺母 6，通过阻尼套

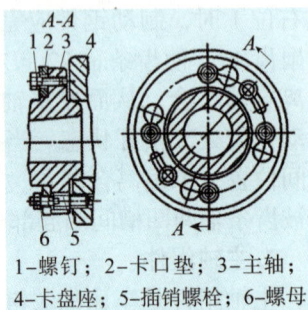

1-螺钉；2-卡口垫；3-主轴；4-卡盘座；5-插销螺栓；6-螺母

图7-8 主轴前端结构示意图

筒 5 内套的移动，使双列圆柱滚子轴承 4 的内圈做轴向移动，迫使内圈胀大。用百分表触及主轴前端轴颈处，撬动杠杆使主轴受 200~300 N 的径向力，保证轴承径向间隙在 0.005 mm 之内，且大齿轮转动灵活，最后将螺母 6 锁紧。后轴承的调整，先将螺母 6 松开，再旋转螺母 21，逐渐收紧角接触球轴承 18 和推力球轴承 16。用百分表触及主轴前端面，用适当的力前后推动主轴，保证轴向间隙在 0.01 mm 之内。同时用手转动大齿轮 8，若感觉不太灵活，可以在角接触球轴承内、外后端敲击，直到感觉主轴旋转灵活自如后，再将两螺母锁紧。

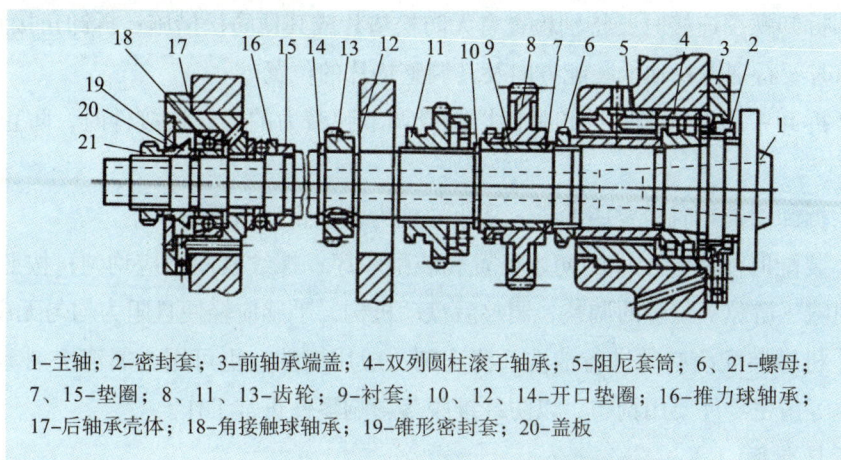

1-主轴；2-密封套；3-前轴承端盖；4-双列圆柱滚子轴承；5-阻尼套筒；6、21-螺母；
7、15-垫圈；8、11、13-齿轮；9-衬套；10、12、14-开口垫圈；16-推力球轴承；
17-后轴承壳体；18-角接触球轴承；19-锥形密封套；20-盖板

图7-9　CA6140型卧式车床主轴组件

主轴上装有三个齿轮 8、11、13，前端处齿轮 8 为斜齿圆柱齿轮，可使主轴传动平稳，传动时齿轮作用在主轴上的轴向力与进给力方向相反，因此，可减少主轴前支撑所承受的轴向力。斜齿轮 8 空套在主轴上，当它移动到右端位置时，主轴低速运转；移到左端时，主轴高速运转；处于中间空挡位置时，主轴与轴Ⅲ及轴Ⅴ间的传动联系断开，这时可用手转动主轴，以便进行测量主轴精度及装夹工件时的找正等工作。左端的齿轮固定在主轴上，用于传动进给系统。

4. 变速操纵机构

换挡机构的作用是改变滑移齿轮位置，以控制主轴的转速，车床主轴箱的变速原理如图 7-10 所示。转动手柄 1，通过链传动装置带动凸轮转动，驱动杠杆拨动齿轮，变换Ⅱ、Ⅲ轴上的滑移齿轮就可以实现主轴变速。

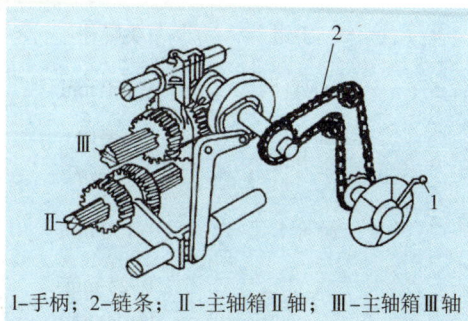

1-手柄；2-链条；Ⅱ-主轴箱Ⅱ轴；Ⅲ-主轴箱Ⅲ轴

图7-10　车床主轴箱变速操纵机构

二、车床主轴箱拆装准备工作

1. 车床主轴箱拆装工艺流程及操作规范

（1）拆卸前，仔细观察拆卸对象，确定拆卸顺序，做好位置记号；按照要求，对机构、轴系组件进行拆卸；拆下后按装配顺序成组放好；紧固螺钉、键、销等件拆卸后装入原孔（槽）内，防止丢失。

（2）拆装中，用铜棒传力，不得用手锤直接敲打工件；拆卸滚动轴承用拉马；拆卸轴上零件时，着力点应尽量靠近轮毂；拆装过程要放稳工件，注意安全。

（3）拆卸螺纹连接时要特别检查有无防松垫片或其他防松措施；拆卸角接触轴承、推力轴承时要特别注意轴承装配方向及其调整垫片的位置。

（4）拆卸中用力适当；拆卸弹性挡圈或调节弹簧力的螺纹连接件时，防止零件弹出伤人。

（5）拆卸圆锥销时，要用冲子，从小端施力，禁止反向敲击。

（6）装配时注意装配件的初始位置和装配顺序；螺纹紧固力应均匀；按照教师要求进行间隙（游隙）位置的调整，调整后盘动机构，手感应轻便且阻力均匀无窜动。

（7）机械装配前必须进行清洗。清洗剂一般用煤油，也可用金属清洗剂等；清洗滚动轴承等精密零件要用绸布，以防纤维脱落影响零件正常工作。

2. 工具准备

本任务的实施，需要准备以下工、量具，如表7-2所示。

表7-2　使用的工具及用途

序号	工量具	规　格	精　度	主要用途
1	手锤	0.5磅 1磅	—	用于敲击拆卸
2	旋具	一字螺丝刀 十字螺丝刀	—	用于旋紧或松退螺钉
3	扳手	套装固定扳手	—	用于旋紧或松退螺栓、螺母
4	手钳	尖嘴钳	—	用于夹持零件
5	钢直尺	0~150 mm	—	用于测量长度尺寸
6	卡钳	内卡钳 外卡钳	—	配合其他测量工具
7	游标卡尺	0~150 mm	0.02 mm	测量长度、内孔、深度等尺寸
8	千分尺	0~25 mm 25~50 mm	0.01 mm	精确测量长度尺寸

三、CA6140车床主轴箱拆卸顺序

1. 拆润滑机构和变速操纵机构

（1）松开各油管螺母。

（2）拆下过滤器。

（3）拆下单相油泵。

（4）拆下变速操纵机构。

2. 拆卸Ⅰ轴

（1）放松正车摩擦片（减少压环元宝间摩擦）。

（2）松开箱体轴承座固定螺钉。

（3）装上顶丝，用扳手上紧顶丝。

（4）拿住Ⅰ轴和Ⅰ轴承座。

3. 拆卸Ⅱ轴

（1）先拆下压盖，后拆下轴上卡环。

（2）采用拔销器拆卸Ⅱ轴。

（3）取出Ⅱ轴零件与齿轮。

4. 拆卸Ⅳ轴的拨叉轴

（1）松开拨叉固定螺母。

（2）用拔销器拔出定位销子。

（3）松开轴上固定螺钉。

（4）采用铝棒敲出拨叉轴。

（5）将拨叉和各零件拿出。

5. 拆卸Ⅳ轴

（1）松开制动钢带。

（2）松开四轴位于压盖上螺钉，卸下调整螺母。

（3）用拔销器拔出前盖，再拆下后端端盖。

（4）拆卸四轴左端拨叉机构紧固螺母，取出螺孔中定位钢珠和弹簧。

（5）用机械法垫上铝棒将拨叉轴和拨叉、轴承卸下（将零件套好放置）。

（6）用卡环钳松开两端卡环。

（7）用机械法拆下Ⅳ轴，将各零件放置油槽中。

6. 拆卸Ⅲ轴

采用拔销器直接取出Ⅲ轴，再取出各零件。

7. 拆卸主轴（Ⅵ轴）竖直放好主轴

（1）拆下后盖，松下顶丝，拆下后螺母。

（2）拆下前法兰盘。

（3）在主轴前端装入拉力器，把轴上卡环取出后将主轴一一取出放入油槽中。

8. 拆卸 V 轴

（1）拆下 V 轴前端盖，再取出油盖。

（2）采用机械法垫上铝棒将 V 轴从前端拆出。

（3）将 V 轴各零件放入油槽中。

9. 拆卸正常螺距机构

（1）用销子冲拆下手柄上销子，拆下前手柄。

（2）用螺丝刀拆下后手柄顶丝，再拆下后手柄。

（3）取出箱体中的拨叉。

10. 拆卸增大螺距机构

（1）用销子冲拆下手柄上销子，后拆下手柄。

（2）在主轴后端机械法拆出手柄轴。

（3）③抽出轴和拨叉并套好放置。

11. 拆卸主轴变速机构

（1）拆下变速手柄冲子，用螺丝刀松开顶丝，拆下手柄。

（2）卸下变速盘上螺丝，拆下变速盘。

（3）拆下螺丝取出压板，卸下顶端齿轮，套好零件放置。

12. 拆卸Ⅶ轴

（1）将Ⅶ轴上挂轮箱及各齿轮拆下。

（2）用内六方扳手卸下固定螺钉，取下挂轮箱。

（3）拧松Ⅶ轴紧固螺钉。

（4）采用机械法垫上铝棒将Ⅶ轴取出。

（5）将Ⅶ轴及各齿轮放置一起。

13. 拆卸轴承外环注意不要损伤各轴承孔

（1）拆下主轴后轴承，拧下螺丝取下法兰盘和后轴承。

（2）依次取出各轴承外环。

14. 分解 I 轴

要将各零件分组摆放整齐，较小零件妥善保管避免丢失。

（1）将 I 轴竖直放在木板上，利用惯性拆下尾座与轴承。

（2）用销子冲拆下元宝键上销子，取出元宝键和轴套。

（3）再用惯性法拆下另一端轴承，退出反车离合器、齿轮套、摩擦片。

（4）拆除花键一端轴套、双联齿轮套、锁片和正车摩擦片。

（5）松开正反车调整螺母，用冲子冲出销子，取出拉杆，竖起轴用铝棒，将滑套和调整螺母取下。

15. 拆下主轴箱中的其他零件

（1）拆下主轴拨叉和拨叉轴。

（2）拆下刹车带。

（3）拆下扇形齿轮。

（4）拆下轴前定位片和定位套。

（5）拆下离合器拨叉轴，拆下正反车变向齿轮。

四、CA6140车床主轴组件的装配及检测

主轴组件的装配过程如下：

（1）将阻尼套筒 5 的外套和双列圆柱滚子轴承 4 的外圈及前轴承端盖 3 装入主轴箱体前轴承孔中，并用螺钉将前轴承端盖固定在箱体上。

（2）把主轴分组件（由主轴 1、密封套 2、双列圆柱滚子轴承 4 的内圈及阻尼套筒 5 的内套组装而成）从主轴箱前轴承孔中穿入。在此过程中，从箱体上面依次将螺母 6、垫圈 7、齿轮 8、衬套 9、开口垫圈 10、齿轮 11、开口垫圈 12，键、齿轮 13、开口垫圈 14、垫圈 15 及推力球轴承 16 装在主轴 1 上，并将主轴安装至要求的位置。适当预紧螺母 6，防止轴承内圈因转动改变方向。

（3）从箱体后端将后轴承壳体分组件（由后轴承壳体 17 和角接触球轴承 18 的内圈组装而成）装入箱体，并拧紧螺钉。

（4）将角接触球轴承 18 的内圈按定向装配法装在主轴上，敲击用力不要过大，以免主轴移动。

（5）依次装入锥形密封套 19、盖板 20、螺母 21，并拧紧所有螺钉。

（6）对装配情况进行全面检查，以防止遗漏和错装。

装配轴承内圈时，应先检查其内锥面与主轴锥面的接触面积，一般应大于 50%。如果锥面接触不良，收紧轴承时，会使轴承内滚道发生变形，破坏轴承精度，降低轴承使用寿命。

其他各轴的装配方法可参考主轴组件。

任务功能评价（25分）

序号	功能评价	成绩
1	车床主轴箱是否能够正常工作	
2	安装精度是否符合要求	
3	工作中有无明显噪音、振动	
4	工作性能是否符合规定要求	
分项得分		

续表

任务外观评价（15 分）

序号	外观评价	成绩
1	各部件是否完全拆卸	
2	各零件安装是否正确、合理	
3	各零件有无损坏或丢失	
	分项得分	

任务过程评价（60 分）

序号	项目描述	评分标准	分值	成绩
1	正确选取和使用装拆工、量具	1.工量具选取不正确，每件扣 1 分； 2.工量具使用不当，每件扣 1 分	8	
2	拆卸工作流程是否正确	拆卸工作流程不合理，每处扣 3 分	15	
3	装配工作流程是否正确	装配工作流程不合理，每处扣 3 分	15	
4	装配调试	1.安装错、漏零件，每处扣 2 分； 2.零件安装不牢靠、松动，每处扣 2 分； 3.缺少必要的保护环节，每处扣 2 分； 4.调试方法不正确，扣 2 分	15	
5	安全文明生产	1.每违反一次《安全操作规程》，扣 2 分； 2.环境卫生差，扣 2 分； 3.造成零部件或工量具损坏，每件扣 2 分； 4.发生安全事故取消考试资格	7	
总评		分项得分		
		签字：	年 月 日	

任务三
车床溜板箱的装拆

工作任务	车床溜板箱装拆
工作任务描述	溜板箱固定在刀架部件的底部，可带动刀架一起做纵向、横向进给、快速移动或螺纹加工。 　　本任务主要介绍普通车床溜板箱的工作原理、结构特点；主要零部件间的装配关系；普通车床溜板箱各部件的装拆步骤与流程
使用工具	手锤、旋具、扳手、手钳、钢直尺、卡钳、游标卡尺、千分尺、圆角规等常用装拆工量具
学习目标	技能点： 1.正确使用装拆工、量具； 2.掌握机构的拆卸及零件的清洗和检验方法； 3.掌握溜板箱各附件的名称、结构、安装位置及作用； 4.掌握溜板箱机构的装配与调整方法。 知识点： 1.了解主轴箱的工作原理； 2.了解主轴箱主要部件的结构及功能

一、溜板箱的结构

　　溜板箱内的主要机构有纵向、横向的进给操纵机构（见图7-11），开合螺母机构等（见图7-12）。如图7-13所示，为溜板箱外形图。

　　开合螺母由上、下两个螺半母组成，装在溜板箱体后壁的燕尾形导轨中，开合螺母背面有两个圆柱销，其伸出端分别嵌在槽盘的两条曲线中（太极八卦图），转动受柄开合螺母可上下移动，实现与丝杠的啮合、脱开。

　　开合螺母合上，与丝杠相啮合，实现加工螺纹的进给。反之，开合螺母分开，实现纵向、横向机动进给或快速移动。纵向、横向机动进给及快速移动的操纵机构。

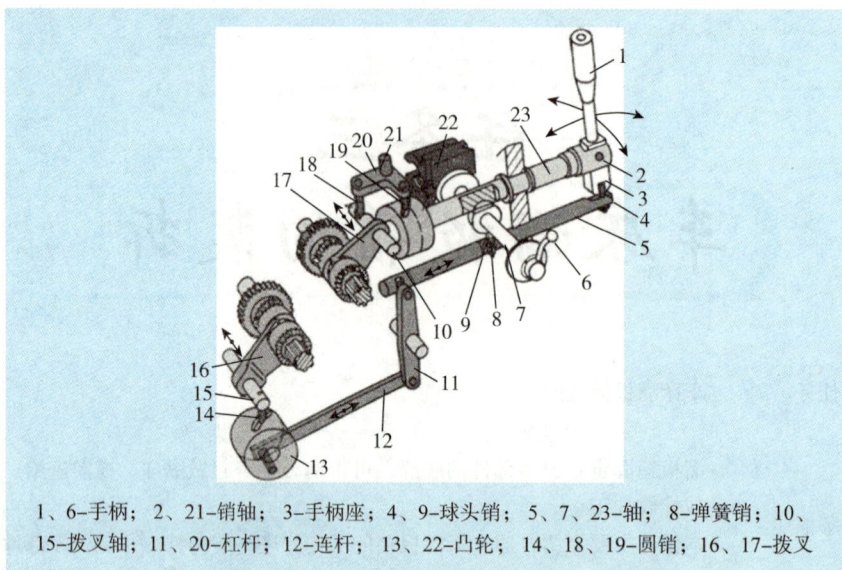

1、6-手柄；2、21-销轴；3-手柄座；4、9-球头销；5、7、23-轴；8-弹簧销；10、
15-拨叉轴；11、20-杠杆；12-连杆；13、22-凸轮；14、18、19-圆销；16、17-拨叉

图7-11　纵、横向机动进给操纵机构

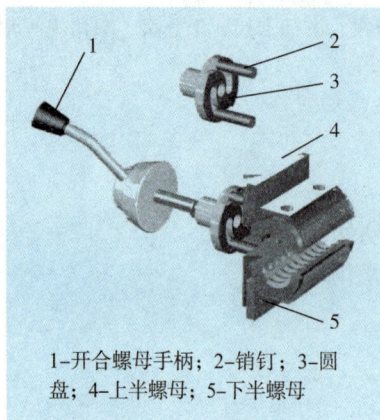

1-开合螺母手柄；2-销钉；3-圆
盘；4-上半螺母；5-下半螺母

图7-12　开合螺母机构

图7-13　溜板箱结构外观图

二、车床溜板箱拆装工艺流程及操作规范

（1）拆前看清组合件的方向、位置排列等，以免装配时搞错。

（2）拆下的零件要有秩序地摆放整齐，做到键归槽、钉插孔、滚珠丝杠盒内装。

（3）拆卸时要注意防止箱体倾倒或掉下，拆下零件要往桌案里边放，以免掉下砸人。

（4）拆卸零件时，不准用铁锤猛砸，当拆不下或装不上时要先分析原因确定原因清楚后再拆装。

（5）在扳动手柄观察传动时不要将手伸入传动件中，防止挤伤。

（6）拆卸中用力适当；拆卸弹性挡圈或调节弹簧力的螺纹连接件时，防止零件弹出伤人。

（7）拆卸圆锥销时，要用冲子，从小端施力，禁止反向敲击。

三、工具准备

本任务的实施，需要准备以下工、量具，如表7-3所示。

表7-3 使用的工具及用途

序号	工量具	规　格	主要用途
1	手锤	0.5磅 1磅	用于敲击拆卸
2	旋具	一字螺丝刀 十字螺丝刀	用于旋紧或松退螺钉
3	扳手	套装固定扳手	用于旋紧或松退螺栓、螺母
4	手钳	尖嘴钳	用于夹持零件
5	钢直尺	0~150 mm	用于测量长度尺寸

四、CA6140型卧式车床溜板箱的装拆

（1）拆下三杠支架，取出丝杠、光杠、锥销及操纵杠、螺钉，抽出三杠，取出溜板箱定位锥销，旋下内六方螺栓，取下溜板箱。

（2）开合螺母机构的拆装。首先拆下手柄上的锥销，取下手柄；然后旋松燕尾槽上的两个调整螺钉，取下导向板，取下开合螺母，抽出轴等。

（3）横向机动进给操纵机构的拆装。纵、横向机动进给动力的接通、断开及其变向由一个手柄集中操纵，且手柄扳动方向与刀架运动方向一致，使用比较方便。

①旋下十字手柄、护罩等，悬下顶丝，取下套，抽出操纵杆，抽出锥销，抽出拨叉轴，取出纵向、横向两个拨叉（观察纵、横向的动作原理）；

②取下溜板箱两侧护盖、沉头螺钉，取下护盖，取下两牙嵌式离合器轴，拿出齿轴及铜套等（观察牙嵌式离合器动作原理）；

③悬下蜗轮轴上螺钉，打出蜗轮轴，取出齿轮、蜗轮等；

④旋下快速电机螺钉，取下快速电机；

⑤旋下蜗杆轴端盖，内六角螺钉，取下端盖蜗，抽出蜗杆轴。

（4）蜗轮轴上装有超越离合器、安全离合器，通过拆装讲解及教具理解两离合器的作用。

①拆下轴承，取下定位套，取下超越离合器，安全离合器等；

②打开超越离合定位套，取下齿轮等，利用教具观看内部动作，理解动作原理；

③对照实物讲解安全离合器原理。

（5）旋下横向进给手轮螺母，取下手轮，旋下进给标尺轮内六方螺栓，取下标尺轮。取出齿轮轴联结锥销，打出齿轮轴，取下齿轮轴。

任务功能评价（25分）

序号	功能评价	成绩
1	车床溜板箱是否能够正常工作	
2	安装精度是否符合要求	
3	工作中有无明显噪音、振动	
4	工作性能是否符合规定要求	
	分项得分	

任务外观评价（15分）

序号	外观评价	成绩
1	各部件是否完全拆卸	
2	各零件安装是否正确、合理	
3	各零件有无损坏或丢失	
	分项得分	

任务过程评价（60分）

序号	项目描述	评分标准	分值	成绩
1	正确选取和使用装拆工、量具	1.工量具选取不正确，每件扣1分； 2.工量具使用不当，每件扣1分	8	
2	拆卸工作流程是否正确	拆卸工作流程不合理，每处扣3分	15	
3	装配工作流程是否正确	装配工作流程不合理，每处扣3分	15	
4	装配调试	1.安装错、漏零件，每处扣2分； 2.零件安装不牢靠、松动，每处扣2分； 3.缺少必要的保护环节，每处扣2分； 4.调试方法不正确，扣2分	15	
5	安全文明生产	1.每违反一次《安全操作规程》，扣2分； 2.环境卫生差，扣2分； 3.造成零部件或工量具损坏，每件扣2分； 4.发生安全事故取消考试资格	7	
总评		分项得分		
		签字：	年 月 日	

项目八

汽车发动机的装拆

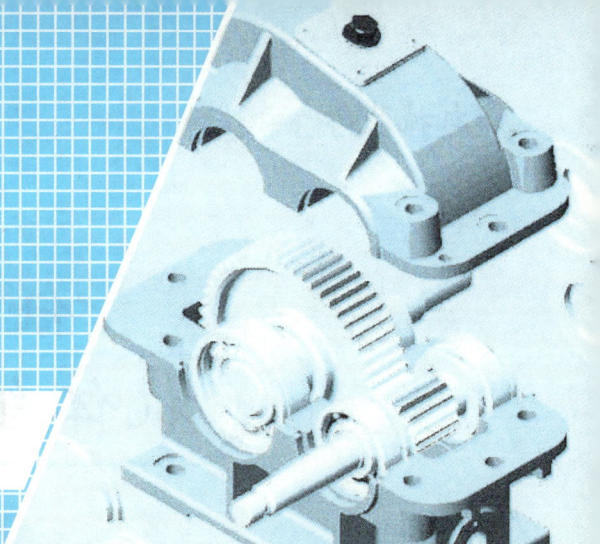

知识目标：

（1）掌握发动机的基本结构和工作原理。

（2）了解发动机组成和各零部件间连接关系。

（3）了解各个部件间的工作内在联系。

（4）掌握装拆安全操作规程及基本知识。

技能目标：

（1）学会正确选择和使用拆卸汽车发动机常用的工具。

（2）学会汽车发动机的总体拆装、调整和各系统主要零部件的准确拆装。

（3）学会制定正确的装拆工作计划。

项目导入

发动机（见图8-1）是一种由许多机构和系统组成的复杂机器。无论是汽油机还是柴油机，无论是四行程发动机还是二行程发动机，无论是单缸发动机，还是多缸发动机，要完成能量转换，实现工作循环，保证长时间连续正常工作，都必须具备相似的机构和系统。

本项目主要介绍发动机的机体组、活塞连杆组、曲轴飞轮组、配气机构、汽油发动机燃油供给系统、喷油器六部件的装拆步骤和流程，同时讲解了所涉及的工具使用和一些零部件作用。

图8-1　汽车发动机

任务一 机体组的装拆

工作任务	汽车发动机机体组的装拆
任务描述	汽车发动机机体组是构成发动机的骨架，是发动机各机构和各系统的安装基础，其内、外安装着发动机的所有主要零件和附件，承受着各种载荷，主要由气缸体、曲轴箱、气缸盖和气缸垫等零件组成。 本任务主要介绍汽车发动机机体组的工作原理、结构特点及其主要零部件间的装配关系，掌握机体组各部件的装拆步骤与流程
使用工具	发动机装拆翻转架、手锤、旋具、扳手、手钳、扭力扳手等发动机装拆专用工具
学习目标	技能点： 1.掌握发动机的解体工艺； 2.熟练进行发动机外部附件的拆卸； 3.典型装拆工具的使用。 知识点： 1.了解机体组相关工作原理； 2.熟悉机体组各部件的名称、作用和结构特点，以及各零部件间的装配关系

一、机体组的组成

机体组主要是由气缸盖罩、气缸盖、气缸垫、气缸体等组成，如图8-2所示。

1.气缸体

气缸体曲轴箱承受有较大的机械负荷，不仅包括发动机本身质量引起的各种冲击力，还要承受较复杂的热负荷，即燃烧气体给予气缸壁的热量，主要通过气缸体来散发。其功用和工作条件，要求气缸体曲轴箱具有足够的强度、刚度和良好的耐热性、耐蚀性等。另外，需要强调的是，气缸体曲轴箱的变形会破坏各运动件间的相互位置关系，导致发动机的技术状况变坏和寿命降低，因而对刚度和强度的要求很高。根据工作条件和结构特点，缸体多采用优质灰铸铁制造。为了提高气缸的耐磨性，有时在铸铁中加少量合金元素，如镍、铂、铬、磷等，也有的强化柴油机采用了球墨铸铁。某些发动机为了减轻质量，加强散热，也会采用铝合金制造。

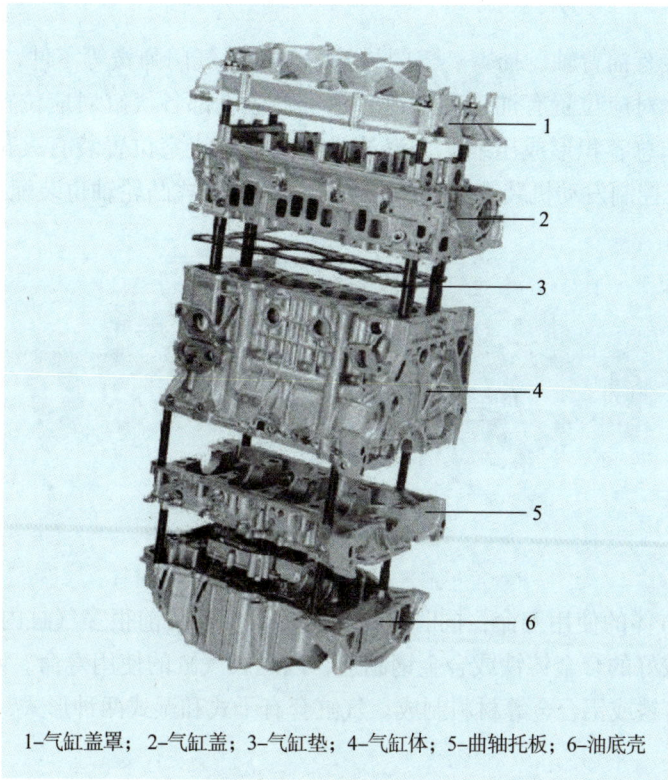

1-气缸盖罩；2-气缸盖；3-气缸垫；4-气缸体；5-曲轴托板；6-油底壳

图8-2　汽车发动机机体组结构

　　总之，气缸体是组装发动机各机构和系统的基础件，其作用是保持发动机各运动件相互之间的准确位置关系。根据气缸体与油底壳安装平面的位置不同，通常把气缸体分为一般式、龙门式、隧道式，如图 8-3 所示。

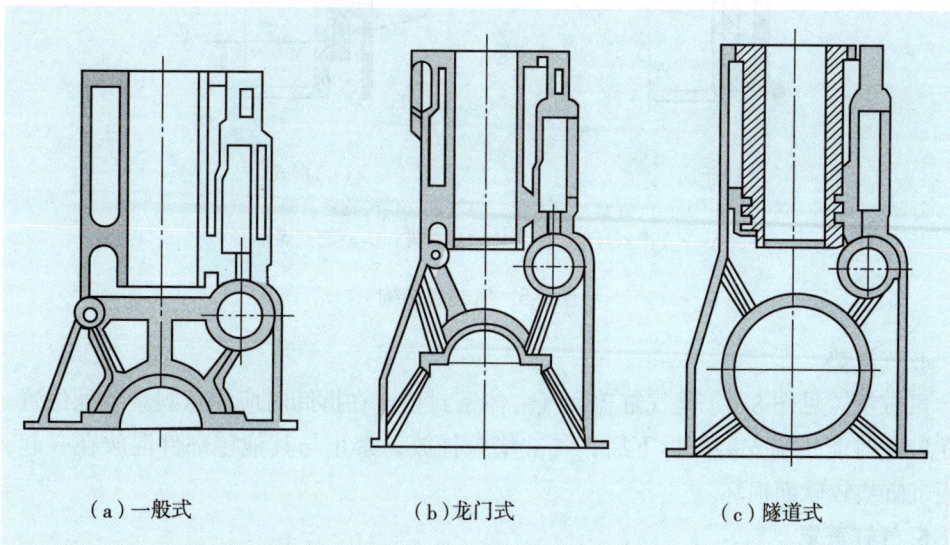

（a）一般式　　　　　　（b）龙门式　　　　　　（c）隧道式

图8-3　气缸体类型

149

2. 气缸盖

气缸盖上装有摇臂轴、摇臂、气门导管、气门、气门弹簧等零件，如图 8-4 所示。同时，在气缸体对应位置有油道和水道，在气缸盖下部各气缸对应位置有燃烧室，燃烧室和气缸工作总容积形成压缩比。汽油机气缸盖燃烧室位置装有火花塞，柴油机装有喷油器，电子控制发动机装有火花塞和喷油器，顶置式凸轮轴也装配在气缸盖上。

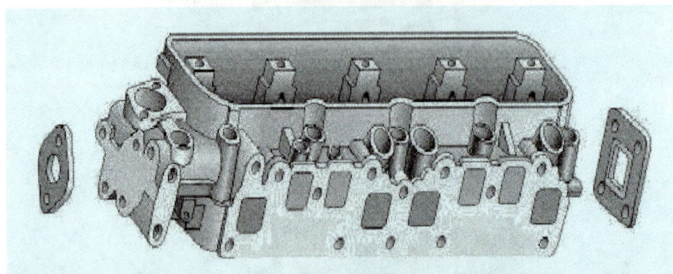

图8-4　气缸盖结构

3. 气缸套

为了提高缸体的使用寿命，同时避免材料的浪费，目前很多气缸内均镶入气缸套。缸套用耐磨性较好的合金铸铁或合金钢制造，以延长气缸的使用寿命。而气缸体可用价格较低的普通铸铁或铝合金等材料制成。气缸套有干式和湿式两种形式，如图 8-5 所示。

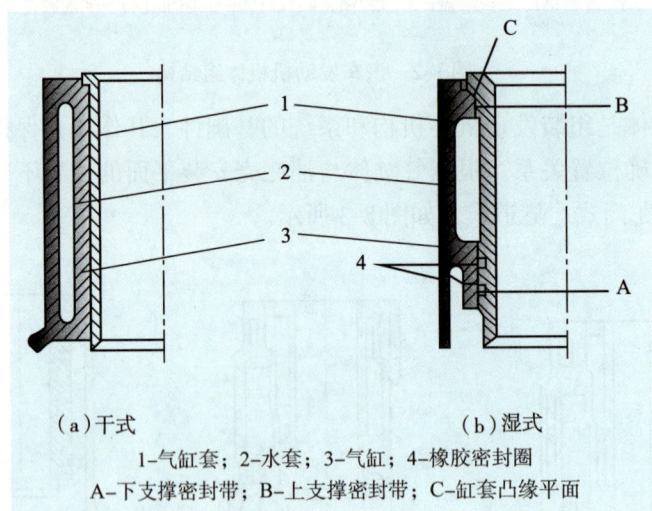

（a）干式　　　　　　　　　（b）湿式
1-气缸套；2-水套；3-气缸；4-橡胶密封圈
A-下支撑密封带；B-上支撑密封带；C-缸套凸缘平面

图8-5　气缸套结构

4. 气缸垫

气缸垫（见图 8-6）是气缸盖和气缸体密封垫，在拆卸时应注意观察装配位置，以便在装配时能正确安装。拆下后，气缸垫应挂放，禁止与其他零部件混放在一起，以免因气缸垫较软而损坏。

5. 气缸盖罩

气缸盖罩（见图 8-7）是气缸盖最外面的一个零件，除了密封气缸盖外，有的发动机在其上面设置了加油口、曲轴箱通风进气口。固定盖罩的螺栓和螺母通常用橡胶垫对其密封，防止机油外漏或外部灰尘、油、水进入气缸盖。

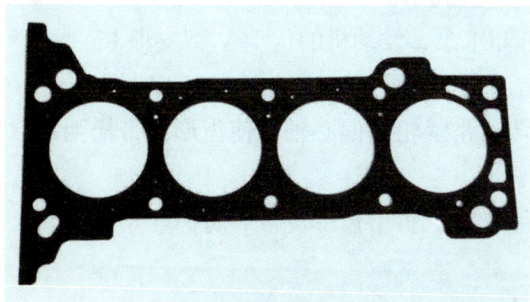

图8-6　气缸垫

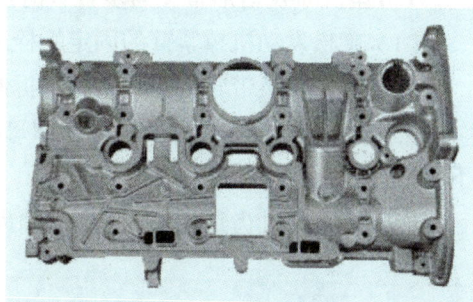

图8-7　气缸盖罩

二、发动机拆装工艺流程及操作规范

（1）放掉油底壳内机油，用干净油盆回收机油并将机油回收到油桶，随后清洁油盆。

（2）拆除燃油管、空压机油管、化油器至分电器真空管、小循环、大循环水管、废气回收管。

（3）分别拆除风扇、水泵、空压机、机油滤清器、汽油泵、起动机。

（4）拆除汽缸盖罩、摇臂轴总成。

（5）用扭力扳手套筒从两边倒中间交叉用力拆卸汽缸盖紧固螺栓并取出气缸盖垫、推杆。

（6）拆除气门室侧盖取出气门挺柱。

（7）将发动机从台架上吊下并倒置拆除油底壳。

三、装拆工具准备

本任务的实施，需要准备以下工具，如表8-1所示。

表8-1　使用的工具及用途

序号	工量具	规　格	主要用途
1	手锤	0.5磅 1磅	用于敲击拆卸
2	旋具	一字螺丝刀 十字螺丝刀	用于旋紧或松退螺钉
3	扳手	套装固定扳手	用于旋紧或松退螺栓、螺母
4	手钳	尖嘴钳	用于夹持零件
5	活塞环装卸钳	—	用于拆卸活塞环
6	扭力扳手	—	汽缸盖紧固螺栓

四、操作步骤

1. V型皮带及齿形带（同步带）的拆卸（见图8-8）

（1）旋松发动机撑紧臂的固定螺栓，拆卸水泵、发动机的传动V型皮带1。

（2）拆卸水泵带轮、曲轴带轮、拆卸齿形带上防护罩11，主要观察正时标记。

（3）旋松齿形皮带张紧轮紧固螺母，转动张紧轮的偏心轴，使齿形皮带松弛，取下齿形皮带10。

（4）拆下曲轴齿形带轮5，中间轴齿形带轮6，拆下齿形皮带后防护罩8。

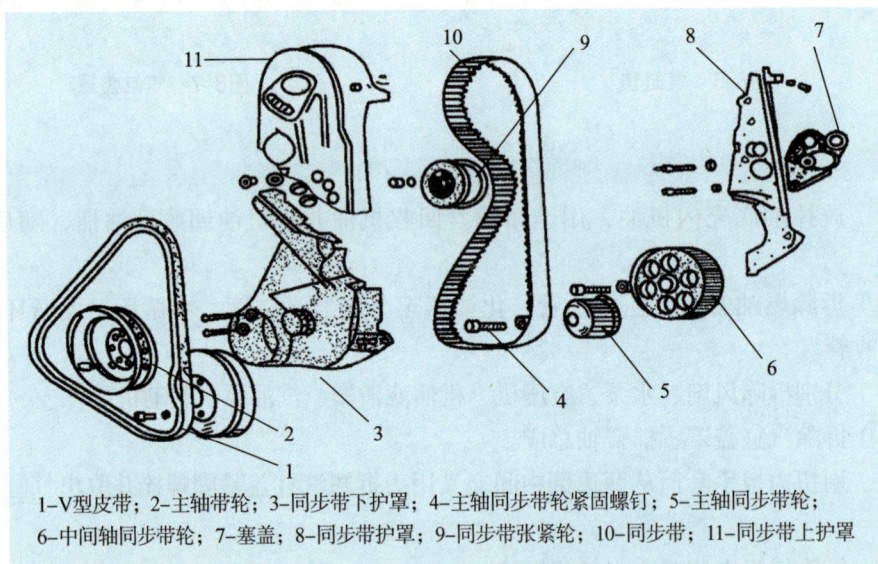

1-V型皮带；2-主轴带轮；3-同步带下护罩；4-主轴同步带轮紧固螺钉；5-主轴同步带轮；
6-中间轴同步带轮；7-塞盖；8-同步带护罩；9-同步带张紧轮；10-同步带；11-同步带上护罩

图8-8 发动机前端零部件

2. 发动机外部附件的拆卸

（1）拆卸水泵上尚未拆卸的连接管。

（2）拆卸水泵、发电机、起动机、分电器、汽油泵、燃油滤清器、进排气歧管、火化塞等。

3. 发动机机体解体（见图8-9）

（1）放出油底壳内机油，拆下油底壳，更换机油密封衬垫。

（2）拆卸机油泵、机油滤清器。

（3）拆卸气门室罩，更换气门室罩密封垫。

（4）拆卸汽缸盖，其螺栓应从两端向中间分次、交叉拧松。

4. 装配零部件

（1）清洗拆卸下的各部位零件，可采用擦洗的方式，然后放置在各自位置，不要随手放置。

（2）安装油底壳、既有滤清器、机油泵。

（3）安装汽缸盖、其螺栓应从中间向两端分次、交叉拧紧。

（4）安装外部附件。

（5）安装 V 型皮带及齿形带，检查皮带的张紧度。安装时注意各部件相应的规定力矩。

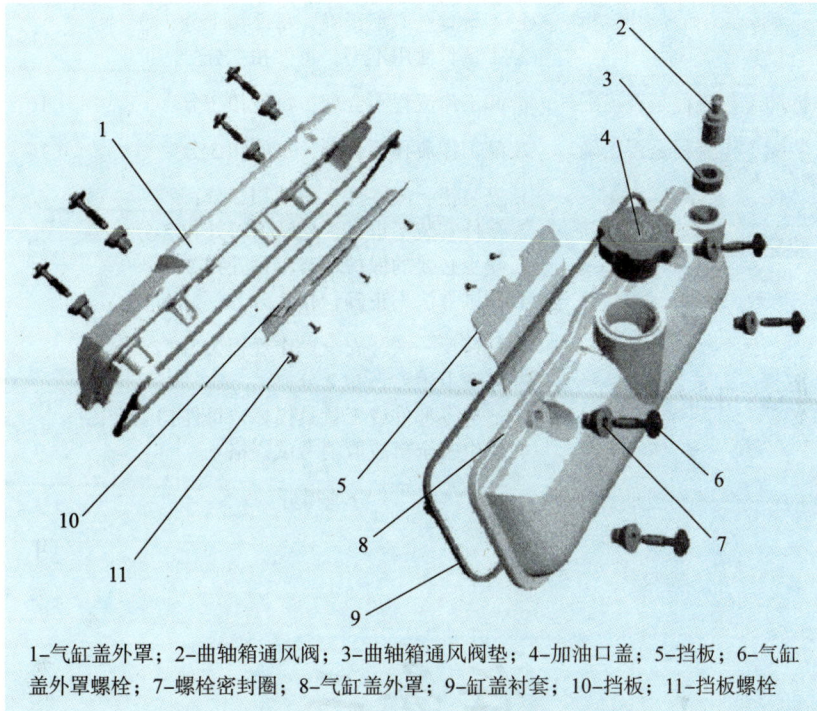

1-气缸盖外罩；2-曲轴箱通风阀；3-曲轴箱通风阀垫；4-加油口盖；5-挡板；6-气缸盖外罩螺栓；7-螺栓密封圈；8-气缸盖外罩；9-缸盖衬套；10-挡板；11-挡板螺栓

图8-9　发动机缸盖分解

任务功能评价（25分）

序号	功能评价	成绩
1	V 带装拆是否符合要求	
2	同步带装拆是否符合要求	
3	其他附件装拆是否符合要求	
4	是否按技术要求紧固螺栓	
	分项得分	

任务外观评价（15分）

序号	外观评价	成绩
1	各部件是否完全拆卸	
2	各零件安装是否正确、合理	
3	各零件有无损坏或丢失	
	分项得分	

任务过程评价（60分）

序号	项目描述	评分标准	分值	成绩
1	正确选取和使用装拆工、量具	1. 工量具选取不正确，每件扣1分； 2. 工量具使用不当，每件扣1分	8	
2	拆卸工作流程是否正确	拆卸工作流程不合理，每处扣3分	16	
3	装配工作流程是否正确	装配工作流程不合理，每处扣3分	16	
4	装配调试	1. 安装错、漏零件，每处扣2分； 2. 零件安装不牢靠、松动，每处扣2分； 3. 缺少必要的保护环节，每处扣2分； 4. 调试方法不正确，扣2分	12	
5	安全文明生产	1. 每违反一次《安全操作规程》，扣2分； 2. 环境卫生差，扣2分； 3. 造成零部件或工量具损坏，每件扣2分； 4. 发生安全事故取消考试资格	8	
总评		分项得分		
		签字：	年 月 日	

任务二
活塞连杆组的装拆

工作任务	活塞连杆组的装拆
工作任务描述	活塞连杆组是发动机的传动件，它把燃烧气体的压力传给曲轴，使曲轴旋转并输出动力，主要由活塞、活塞环、活塞销、连杆及连杆轴瓦等组成。 　　本任务主要介绍活塞连杆组的工作原理、结构特点，及其主要零部件间的装配关系，从而使学生较好的掌握活塞连杆组各部件的装拆步骤与流程
使用工具	手锤、橡胶锤、旋具、扳手、卡簧钳子、活塞环钳子、塞尺、活塞环装卸钳、刮刀等发动机装拆专用工具
学习目标	技能点： 1. 掌握基本的安全生产知识； 2. 掌握工量具的正确使用方法； 3. 掌握活塞连杆组的装拆顺序和装拆工艺。 知识点： 1. 了解活塞连杆组的组成结构和工作原理； 2. 熟悉活塞连杆组各零件的名称、形状、用途及各零件之间的装配关系

一、活塞连杆组的结构

活塞连杆组是由活塞组和连杆组组成。活塞组主要由活塞、活塞环和活塞销组成，连杆组由连杆体、连杆盖、连杆轴瓦和连杆螺栓等组成（见图8-10）。

活塞连杆组的作用主要是用来承受气体压力，并将此力通过活塞销传给连杆以推动曲轴旋转。

（1）活塞的功用：一是活塞顶部与气缸盖、气缸壁共同组成燃烧室；二是承受气体压力，并将此力通过活塞销传给连杆。

（2）连杆的功用：将活塞承受的力传给曲轴，推动曲轴转动，从而使活塞的往复运动转变为曲轴的旋转运动。

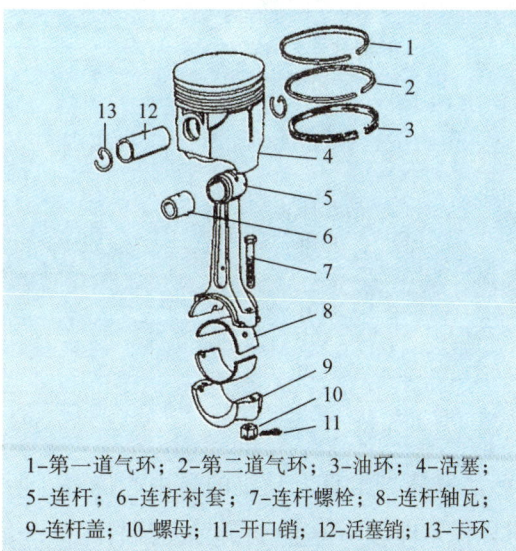

1-第一道气环；2-第二道气环；3-油环；4-活塞；5-连杆；6-连杆衬套；7-连杆螺栓；8-连杆轴瓦；9-连杆盖；10-螺母；11-开口销；12-活塞销；13-卡环

图8-10　活塞连杆组分解结构

（3）活塞环（气环、油环）的作用：密封气体和刮油。

二、装拆前的准备及注意事项

（1）拆卸、安装活塞时一定要注意记号，若无记号，拆卸前必须做标记。

（2）安装活塞销时，要用专用工具或加热到60℃进行。

（3）拆下的零部件按顺序放好，并注意不要损坏零件。

（4）要注意在装配完后一定要用百分表测量曲轴的轴向间隙是否标准，一般应在0.16~0.30 mm。

三、工具准备

本任务的实施，需要准备以下工、量具，如表8-2所示。

表8-2 使用的工具及用途

序号	工量具	规　　格	主要用途
1	手锤 橡胶锤	0.5磅 1磅	用于敲击拆卸
2	旋具	一字螺丝刀 十字螺丝刀	用于旋紧或松退螺钉
3	扳手	套装套筒扳手 扭力扳手 0~100 N·m	用于旋紧或松退螺栓、螺母

序号	工量具	规　格	主要用途
4	卡簧钳子、活塞环钳子	—	用于拆卸卡簧和活塞钳子
5	塞尺	100A14	用于检测装配间隙
6	活塞环装卸钳	—	用于拆卸活塞环
7	刮刀	—	用于清洁零件边缘毛刺及零件内壁积碳、油渍

四、操作步骤

活塞连杆组是发动机的最中心位置，所以在拆的过程当中必须将发动机全拆开（可以保留曲轴不拆）。拆卸活塞连杆组的一般顺序为：拆卸气门罩盖→拆卸汽缸盖→拆卸油底壳→拆卸活塞连杆组。

1. 活塞连杆组的整体拆卸

（1）为便于后期装配工序，各零件、气缸需在拆卸前做好标记（见图8-11）。按照从前到后的顺序检查各缸记号，在连杆和连杆轴承盖上做标记或用改锥在连杆轴承盖上做记号。检查连杆和活塞上的"向前"记号。

（2）将需拆卸的活塞连杆组曲轴旋转至该缸活塞的下止点，同时使轴承盖位于最接近油底壳的位置。此时发动机倒置，油底壳位置朝上。拆下连杆螺母（见图8-12），使用手锤轻敲连杆螺栓，取出连杆盖（见图8-13）。

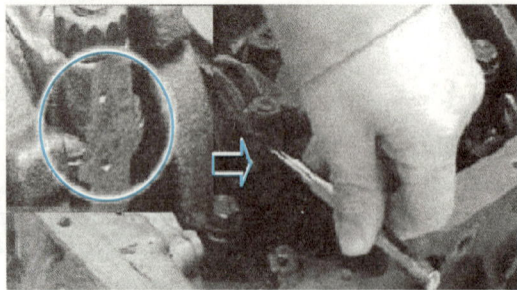

图8-11　缸号标记

图8-12　拆卸连杆盖螺栓

（3）使用手锤木柄缓慢推击连杆下端，使其从缸体的下止点向上止点移动，在合适位置推出活塞连杆组。为防止部件突然脱落，可用手托住起保护作用（见图8-14）。

图8-13　取出连杆盖

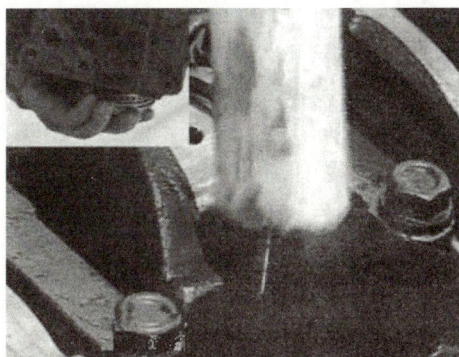

图8-14　推出活塞连杆组

（4）连杆和连杆轴承盖在加工的时候是一起加工的，属于配合较精密的组件。为防止错乱，拆卸后应及时将连杆和连杆盖装在一起（见图8-15）。

（5）将组合好的活塞连杆组按缸号顺序摆放整齐。

2. 活塞销的拆卸

活塞销是连接活塞和连杆的重要零件，一般分为全浮式和半浮式两种（见图 8-16）。

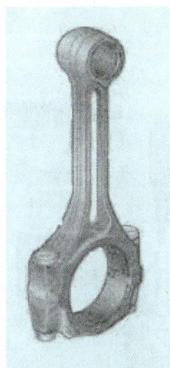

图8-15　组合连杆与连杆盖

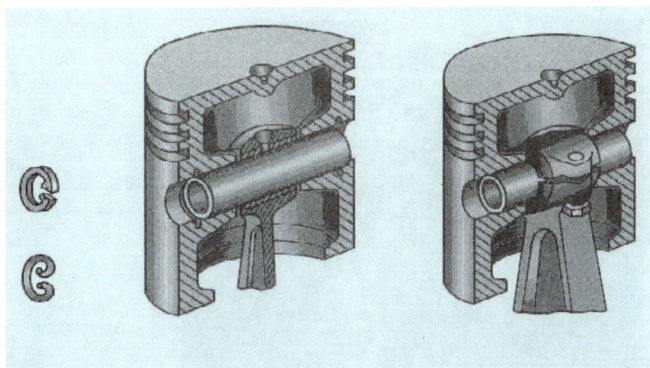

图8-16　活塞销种类

（1）全浮式活塞销的拆卸。全浮式活塞销是用活塞销卡环将活塞销固定在活塞销孔中。活塞和活塞销之间以及活塞销和连杆小头之间的间隙是足够大的，不用压力机就可以拆卸。有一些活塞销是锥形的或者是削边的，必须按同样的方向安装才能防止活塞销变松。如果活塞销太紧以至于用手不能旋转它，可用黄铜冲子击卸取出来。仔细地检查活塞销卡环环槽，如果有明显的磨损或损坏，就要更换活塞。

首先，拆卸活塞销座一侧卡环，如图 8-17 所示。

其次，推出活塞销。用手从未拆卡环的一侧可轻松推出活塞销，如图 8-18 所示。

图8-17 拆卸卡环

图8-18 推出活塞销

最后，分离活塞和连杆（见图8-19）。分离活塞和连杆后，应保证活塞和连杆上都有缸号标记和方向记号，并按顺序摆放。

（2）半浮式活塞销的拆卸。一般半浮式活塞销与连杆小头都是过盈配合，与活塞是间隙配合。此时拆装活塞销，需将活塞加热，用较小的力就能将涂有机油的活塞销压入活塞销座孔中，而且在垂直状态时，活塞销不能在自重作用下从销座孔中自行滑出，用手晃动活塞销时应无间隙感，这表明活塞销与销座孔配合适宜。活塞销卡环使用手钳拆装，半浮式活塞销不可使用击卸法拆卸，容易造成活塞损坏，可采用活塞销压床拆卸活塞销（见图8-20）。

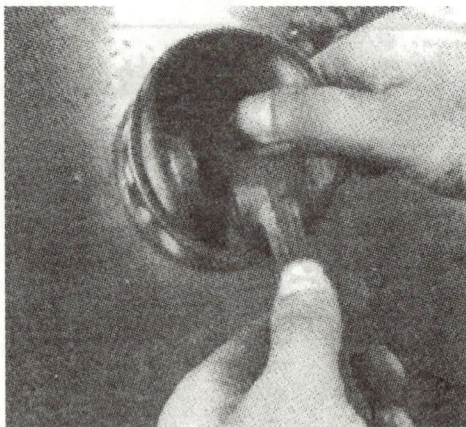

图8-19 分离活塞与连杆

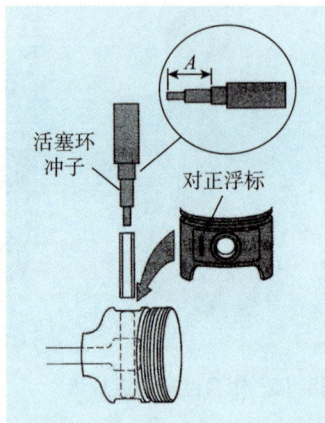

图8-20 活塞销压床拆卸活塞销

3. 活塞环的拆卸

（1）使用活塞环装卸钳拆下气环及油环，如图8-21所示。拆卸时注意用力大小，否则容易损坏活塞环。同时防止活塞环锋利边缘划伤手指。

（2）拆卸油环衬簧。

（3）清洗活塞环槽中的油渍、积碳，保证新换的活塞环能够在槽中自由运动。

（4）使用刮刀清除活塞顶面积碳。

（a）拆卸第一道气环　　　　　　　　（b）拆卸第二道气环

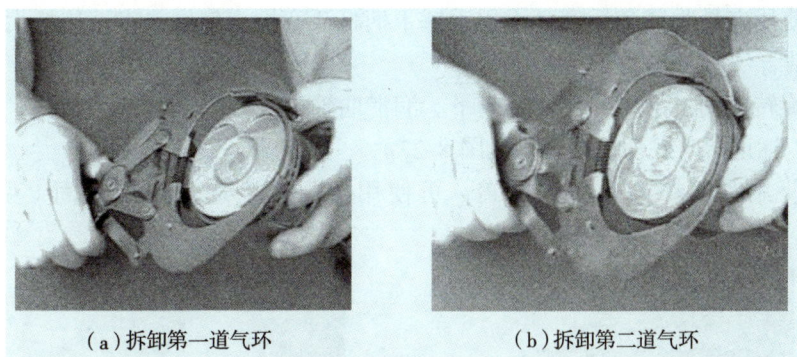

图8-21　拆卸气环

4. 活塞连杆组的装配

装配前，需使用汽油等清洗活塞连杆组的各零件，用钢丝疏通各油孔油道，并保持各零件表面干燥清洁。清点零件并按标记顺序摆放整齐。

由于活塞、连杆为发动机内重要零件，在装配前需保证其绝对清洁，同时需要对其装配间隙进行检查。

（1）旋转曲轴使第一缸连杆轴颈至下止点，同时旋转台架使气缸向上（见图8-22）。

（2）将活塞环三个开口旋转至同一方向，打入适量机油，使机油充分浸润活塞环及环槽，并旋转活塞环调整至合适位置（见图8-23）。

图8-22　旋转曲轴　　　　　　　图8-23　打入机油

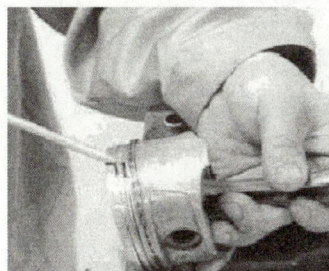

（3）将气缸壁、活塞销、活塞表面涂抹适量机油并检查活塞顶部"向前"标记与连杆"向前"标记是否一致（见图8-24）。

（4）将活塞连杆组放入气缸中，使活塞顶面标记指向发动机前方（见图8-25）。

图8-24　检查标记　　　　　　　图8-25　活塞顶面标记

（5）使用夹具收紧各活塞环，用手锤木柄将活塞推入气缸，直至连杆大头与曲轴连杆轴颈结合（见图8-26）。

（6）旋转发动机缸体，使活塞向下。润滑曲轴连杆轴颈及连杆盖轴瓦，使连杆盖的"向前"标记指向发动机前方（见图8-27）。

（7）使用紧固螺栓安装连杆盖，可使用扭力扳手适当力矩紧固（见图8-28、图8-29）。

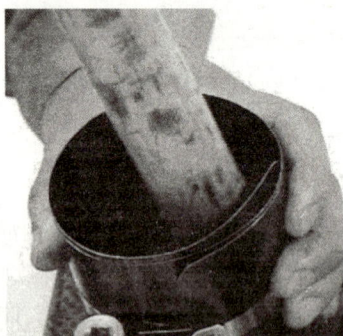
图8-26 活塞推入气缸

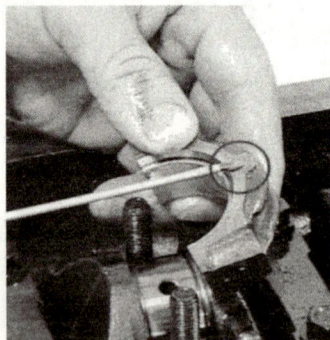
图8-27 连杆盖向前标记

图8-28 安装连杆盖

图8-29 使用扭力扳手紧固螺栓

任务功能评价（25分）

序号	功能评价	成绩
1	活塞连杆组的装拆是否符合要求	
2	活塞连杆组装配中各装配标记位置描述是否准确	
3	是否按技术要求紧固螺栓	
	分项得分	

任务外观评价（15分）

序号	外观评价	成绩
1	各部件是否完全拆卸	
2	各零件安装是否正确、合理	
3	各零件是否按要求标记，有无损坏或丢失	
	分项得分	

续表

任务过程评价（60分）

序号	项目描述	评分标准	分值	成绩
1	正确选取和使用装拆工、量具	1. 工量具选取不正确，每件扣1分； 2. 工量具使用不当，每件扣1分	8	
2	拆卸工作流程是否正确	拆卸工作流程不合理，每处扣3分	16	
3	装配工作流程是否正确	装配工作流程不合理，每处扣3分	16	
4	装配调试	1. 安装错、漏零件，每处扣2分； 2. 零件安装不牢靠、松动，每处扣2分； 3. 缺少必要的保护环节，每处扣2分； 4. 调试方法不正确，扣2分	12	
5	安全文明生产	1. 每违反一次《安全操作规程》，扣2分； 2. 环境卫生差，扣2分； 3. 造成零部件或工量具损坏，每件扣2分； 4. 发生安全事故取消考试资格	8	
总评		分项得分		
		签字：	年　月　日	

任务三
曲轴飞轮组的装拆

工作任务	曲轴飞轮组的装拆
任务描述	曲轴飞轮组的作用是把活塞的往复运动转变为曲轴的旋转运动，为需要动力的机构输出扭矩，主要由曲轴、飞轮以及其他不同作用的零件和附件组成。 　　本任务主要介绍曲轴飞轮组的工作原理、结构特点，及其主要零部件间的装配关系，从而使学生较好地掌握曲轴飞轮组各部件的装拆步骤与流程
使用工具	手锤、橡胶锤、旋具、扳手、手钳、塞尺、刮刀、内外拉马、撬棍等发动机装拆专用工具
学习目标	技能点： 1. 熟悉曲轴的结构型式及其各部分的构造； 2. 掌握曲轴的定位及其装配； 3. 掌握曲轴飞轮组的拆装工艺及其拆装要领。 知识点： 1. 了解曲轴飞轮组的组成结构和工作原理； 2. 熟悉曲轴飞轮组各零件的名称、形状、用途及各零件之间的装配关系

一、曲轴飞轮

1. 曲轴飞轮组的结构

曲轴飞轮组主要由曲轴、飞轮、扭转减振器、皮带轮、正时齿轮（或链条）等部件组成，如图 8-30 所示。其中曲轴主要由曲轴前端（或称自由端）、曲轴后端（或称功率输出端）组成。曲轴的曲拐数取决于气缸数目和排列方式。

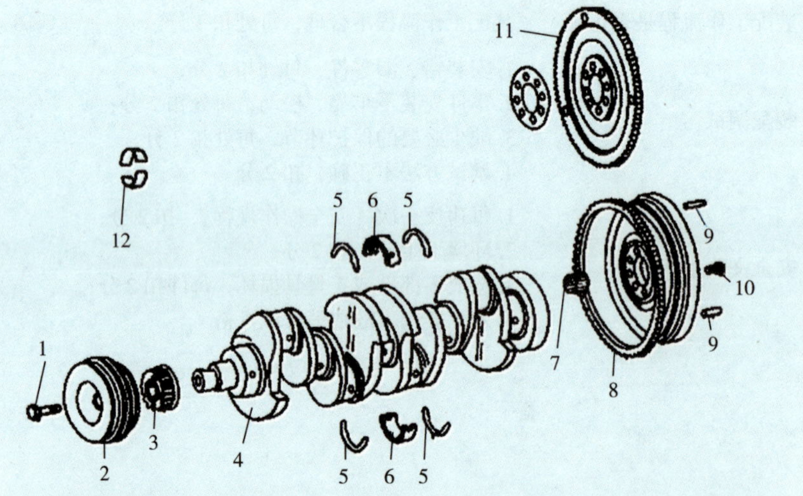

1-皮带轮固定螺栓；2-皮带轮；3-曲轴正时齿轮；4-曲轴；5-止推垫片；6-主轴瓦；
7-滚针轴承；8-飞轮齿圈；9-定位销；10-飞轮固定螺栓；11-飞轮；12-连杆轴瓦

图8-30 曲轴飞轮组结构

曲轴的功用是承受连杆传来的力，并将其转变为扭矩，然后通过飞轮输出。另外，曲轴还用来驱动发动机的配气机构及其他辅助装置（如发电机、风扇、水泵、转向油泵等）。在发动机工作中，曲轴承受周期性变化的气体压力、旋转质量的离心力以及力矩的共同作用，使曲轴承受弯曲与扭转载荷，产生疲劳应力状态。为了保证工作可靠，因此要求曲轴具有足够的刚度和强度，各工作表面不但要求耐磨而且润滑良好，还必须有很高的动平衡要求。

2. 曲轴的材料

曲轴一般都采用优质中碳钢（如 45 号钢）或中碳合金钢（如 45Mn2、40Cr 等）模锻，如上海桑塔纳发动机曲轴采用优质 50 号中碳钢模锻而成。为了提高曲轴的耐磨性，其主轴颈和连杆轴颈表面均需进行高频淬火或氮化处理。有部分发动机采用了高强度的稀土球墨铸铁铸造曲轴，但这种曲轴必须采用全支承以保证刚度。

二、装拆工具准备

本任务主要涉及曲轴、带轮的拆卸和装配，需要准备以下工、量具，如表8-3所示。

表8-3　使用的工具及用途

序号	工量具	规　格	主要用途
1	手锤 橡胶锤	0.5磅 1磅	用于敲击拆卸
2	旋具	一字螺丝刀 十字螺丝刀	用于旋紧或松退螺钉
3	扳手	套装套筒扳手 扭力扳手 0-100 N·m	用于旋紧或松退螺栓、螺母
4	手钳	尖嘴钳	用于夹持零件
5	塞尺	100A14	用于检测装配间隙
6	刮刀	—	用于清洁零件边缘毛刺及零件内壁积碳、油渍
7	内外拉马	—	拆卸轴承
8	撬棍	—	

三、操作步骤

1.曲轴飞轮组的拆卸

（1）将气缸体倒置，用专用工具固定飞轮，从曲轴凸缘上按交叉松开的顺序拆下飞轮，如图8-31所示。

（2）拆下后端曲轴法兰（见图8-32），按顺序拆下曲轴主轴承盖紧固螺栓，取下曲轴轴承盖（见图8-33），并取下轴瓦（见图8-34），取下曲轴（见图8-35），将轴承盖与轴瓦按原位装回。三号轴瓦（中间一道）是具有推力功能的轴瓦，两端有半圆形止推片，注意安装时槽口向外。

图8-31　气缸体倒置

图8-32　拆下法兰

图8-33　取下轴承盖

163

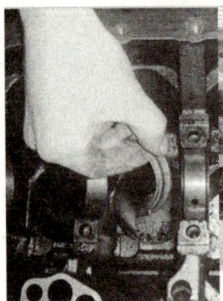

图8-34 取下轴瓦

图8-35 取下曲轴

2.曲轴飞轮组的装配

（1）将经过清洗和擦拭干净的曲轴、飞轮，选配及修配好的轴瓦、轴承盖等零件，依次摆放整齐，准备装配，如图8-36所示。

（2）安装曲轴上轴瓦，如图8-37所示。

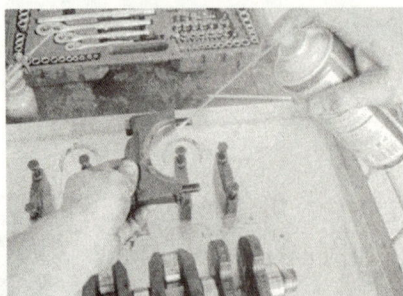

图8-36 清洗零件

图8-37 安装曲轴上轴瓦

（3）装上曲轴，如图8-38所示。

图8-38 装上曲轴

（4）在第三道主轴颈两侧安装半圆形止推片（见图8-39），其开口必须朝向曲轴。

（5）分三次从中间向两边拧紧主轴盖螺栓，如图8-40、图8-41所示。

（6）安装前后端法兰，如图8-42所示。

（7）安装飞轮，如图8-43所示。

图8-39　半圆形止推片

图8-40　第一次拧紧

图8-41　第二次、第三次拧紧

图8-42　安装前后端法兰

图8-43　安装飞轮

任务功能评价（25分）

序号	功能评价	成绩
1	曲轴的装拆是否符合要求	
2	飞轮的装拆是否符合要求	
3	是否按技术要求紧固螺栓	
	分项得分	

任务外观评价（15分）

序号	外观评价	成绩
1	各部件是否完全拆卸	
2	各零件安装是否正确、合理	
3	各零件是否按要求标记，有无损坏或丢失	
	分项得分	

续表

任务过程评价（60分）

序号	项目描述	评分标准	分值	成绩
1	正确选取和使用装拆工、量具	1. 工量具选取不正确，每件扣1分； 2. 工量具使用不当，每件扣1分	8	
2	拆卸工作流程是否正确	拆卸工作流程不合理，每处扣3分	16	
3	装配工作流程是否正确	装配工作流程不合理，每处扣3分	16	
4	装配调试	1. 安装错、漏零件，每处扣2分； 2. 零件安装不牢靠、松动，每处扣2分； 3. 缺少必要的保护环节，每处扣2分； 4. 调试方法不正确，扣2分	12	
5	安全文明生产	1. 每违反一次《安全操作规程》，扣2分； 2. 环境卫生差，扣2分； 3. 造成零部件或工量具损坏，每件扣2分； 4. 发生安全事故取消考试资格	8	
总评		分项得分		
		签字：	年 月 日	

任务四
配气机构的装拆

工作任务	配气机构的装拆
任务描述	配气机构的作用是按照发动机每一气缸内所进行的工作循环和点火顺序的要求，定时开启和关闭各气缸的进、排气门，使新鲜充量得以及时进入气缸，废气得以及时从气缸排出；在压缩与作功行程中，保证燃烧室的密封。一般主要由气门组和气门传动组组成。 　　本任务主要介绍配气机构的工作原理、结构特点，及其主要零部件间的装配关系，从而使学生较好的掌握配气机构各部件的装拆步骤与流程
使用工具	手锤、橡胶锤、旋具、扳手、手钳、塞尺、刮刀、内外拉马、撬棍等发动机装拆专用工具
学习目标	技能点： 1. 掌握发动机配气机构的组成、结构和装配关系； 2. 掌握凸轮的机构特点； 3. 掌握配气机构的拆检方法和拆装技能。 知识点： 1. 了解配气机构的组成结构和工作原理； 2. 熟悉配气机构各零件的名称、形状、用途及各零件之间的装配关系

一、配气机构的组成

配气机构一般由气门组和气门传动组组成，如图8-44所示。气门组包括气门、气门导管、气门弹簧、气门弹簧座等；气门传达组包括凸轮轴、挺柱、推杆、摇臂轴、摇臂及调整螺钉等。

1.凸轮轴结构

凸轮轴上主要有各缸进、排气凸轮，用以使气门按一定工作次序和配气相位及时开闭，并保证气门有足够的升程。汽油机的凸轮轴置在气缸的侧面下方时，一般将驱动汽油泵的偏心轮和驱动分电器的螺旋齿轮设置在凸轮轴上。

2.摇臂轴结构

摇臂轴为钢制空心管状，用来套装摇臂。通过摇臂支架，用螺栓固定在气缸盖上。各摇臂间装有弹簧，利用弹簧张力将摇臂压紧在支座两侧的磨光面上，防止摇臂轴向移动。摇臂与轴间装有青铜衬套。

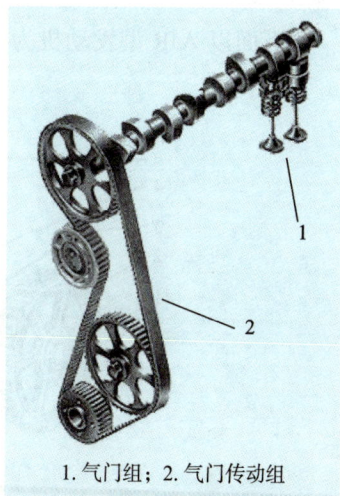

1.气门组；2.气门传动组

图8-44　配气机构组成

二、拆装工具准备

本任务的实施，需要准备以下工、量具，如表8-4所示。

表8-4 使用的工量具及用途

序号	工量具	规　　格	主要用途
1	手锤 橡胶锤	0.5磅 1磅	用于敲击拆卸
2	旋具	一字螺丝刀 十字螺丝刀	用于旋紧或松退螺钉
3	扳手	套装套筒扳手 扭力扳手 0-200 N·m	用于旋紧或松退螺栓、螺母
4	手钳	尖嘴钳	用于夹持零件
5	塞尺	100A14	用于检测装配间隙
6	气门装拆专用工具	油封取出器 2085 专用工具 10-203	用于拆卸及装配油封
7	刮刀	—	用于清洁零件边缘毛刺及零件内壁积碳、油渍
8	撬棍	—	—

三、操作步骤

下面以 AJR 型发动机为例，介绍配气机构的拆装，如图 8-45 所示。

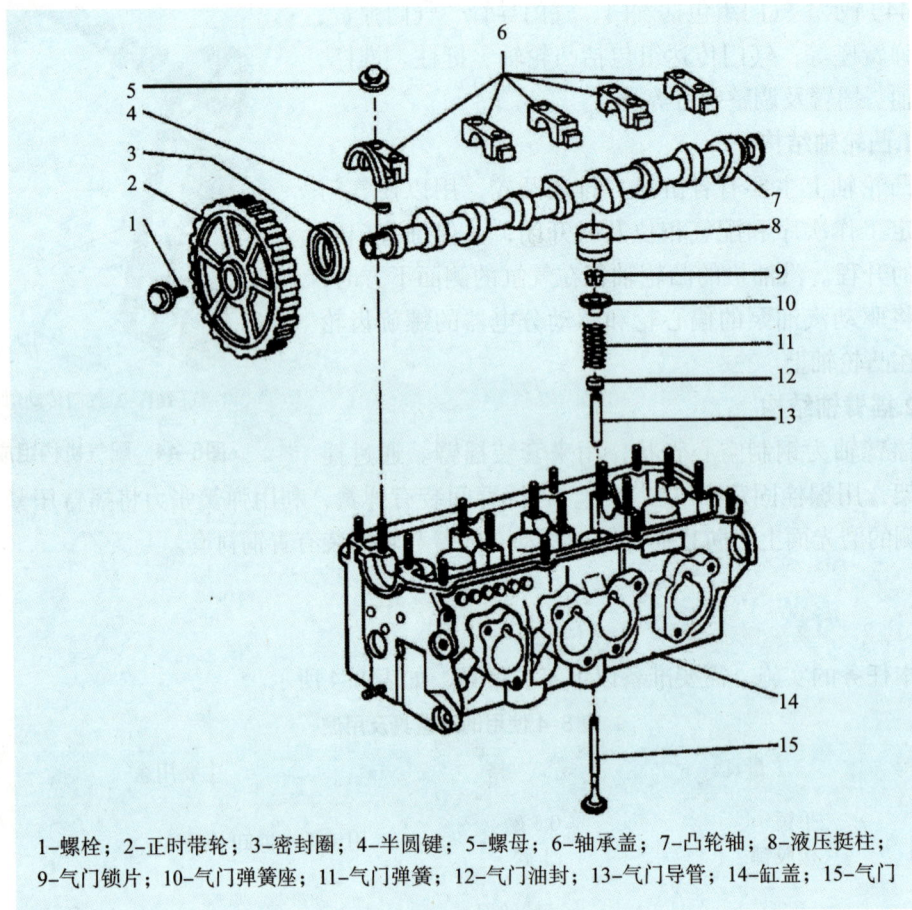

1—螺栓；2—正时带轮；3—密封圈；4—半圆键；5—螺母；6—轴承盖；7—凸轮轴；8—液压挺柱；
9—气门锁片；10—气门弹簧座；11—气门弹簧；12—气门油封；13—气门导管；14—缸盖；15—气门

图8-45　AJR型发动机配气机构

1. 发电机、动力转向油泵V带的拆装（见图8-46）

（1）发电机的拆卸。断开蓄电池搭铁线；抽取冷却液，拔下通向散热器的上冷却液管；松开发电机的上、下连接螺栓，轻轻转动发电机；拆下发电机，拔下下部连接螺栓。

（2）空调压缩机Ⅴ带的拆卸。松开空调压缩机，拆下空调压缩机Ⅴ带；用开口扳手扳动Ⅴ带张紧轮，使Ⅴ带松弛；用销钉固定住张紧轮；拆下固定住的Ⅴ带张紧轮；拆下Ⅴ带，检查磨损情况，不得有扭曲现象。

（3）空调压缩机Ⅴ带的安装。在安装Ⅴ带之前保证所有的附件（发电机、空调压缩机和动力转向油泵）都已经安装牢固。

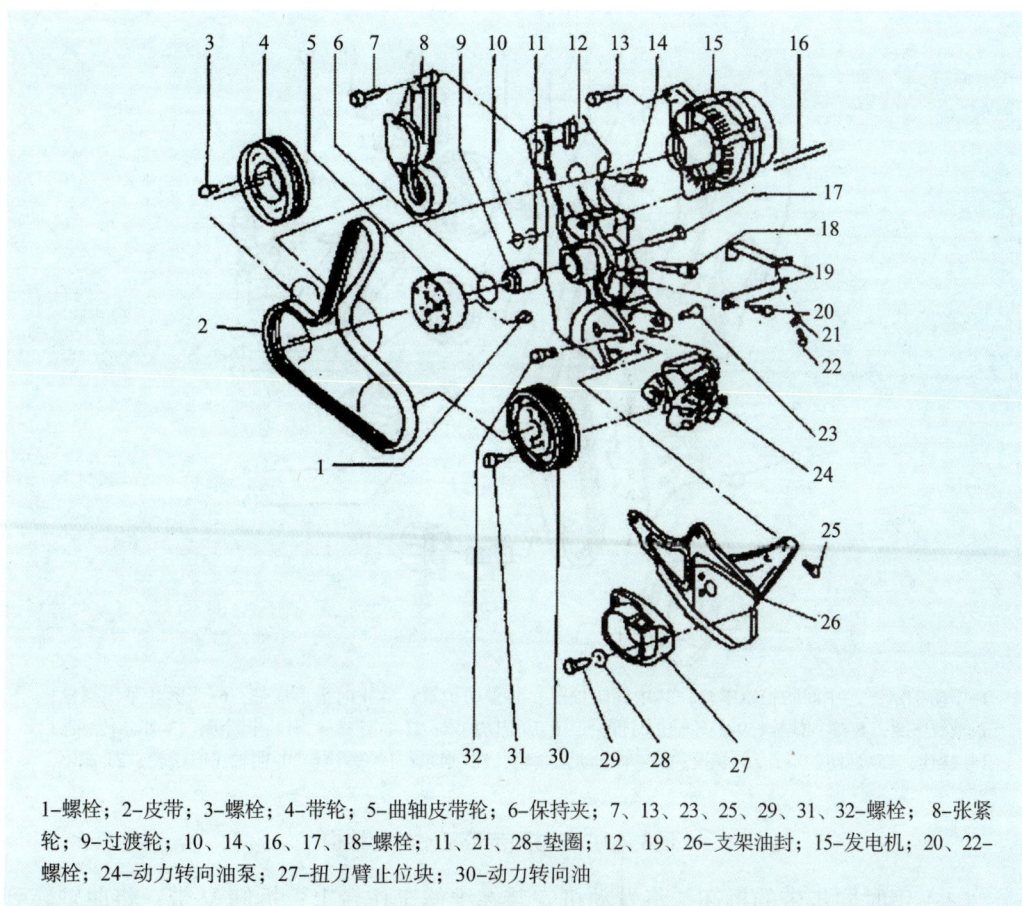

1-螺栓；2-皮带；3-螺栓；4-带轮；5-曲轴皮带轮；6-保持夹；7、13、23、25、29、31、32-螺栓；8-张紧轮；9-过渡轮；10、14、16、17、18-螺栓；11、21、28-垫圈；12、19、26-支架油封；15-发电机；20、22-螺栓；24-动力转向油泵；27-扭力臂止位块；30-动力转向油

图8-46　发电机、动力转向油泵V带

套上 V 带；安装连同销钉的张紧轮；将 V 带在发电机 V 带轮上定位；检查 V 带的正确位置，V 带的布置如图 8-47 所示，张紧 V 带，拆下张紧轮上的销钉；起动发动机，并检查 V 带的运转情况。

在拆卸 V 带之前要先作好方向记号。如果按相反方向安装使用 V 带，有可能损坏 V 带，在安装时还要保证 V 带正确地啮合进入带轮内。拆卸空调压缩机的传动带时，不要打开空调制冷回路。在拆卸 V 带之前要先作好方向记号。

2. 同步带的拆装

AJR 型发动机正时同步带的拆装可按图 8-48 所示。

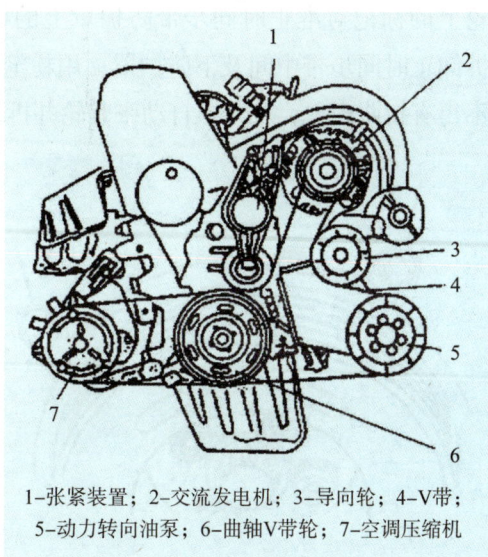

1-张紧装置；2-交流发电机；3-导向轮；4-V带；5-动力转向油泵；6-曲轴V带轮；7-空调压缩机

图8-47　带空调压缩机的V带布置图

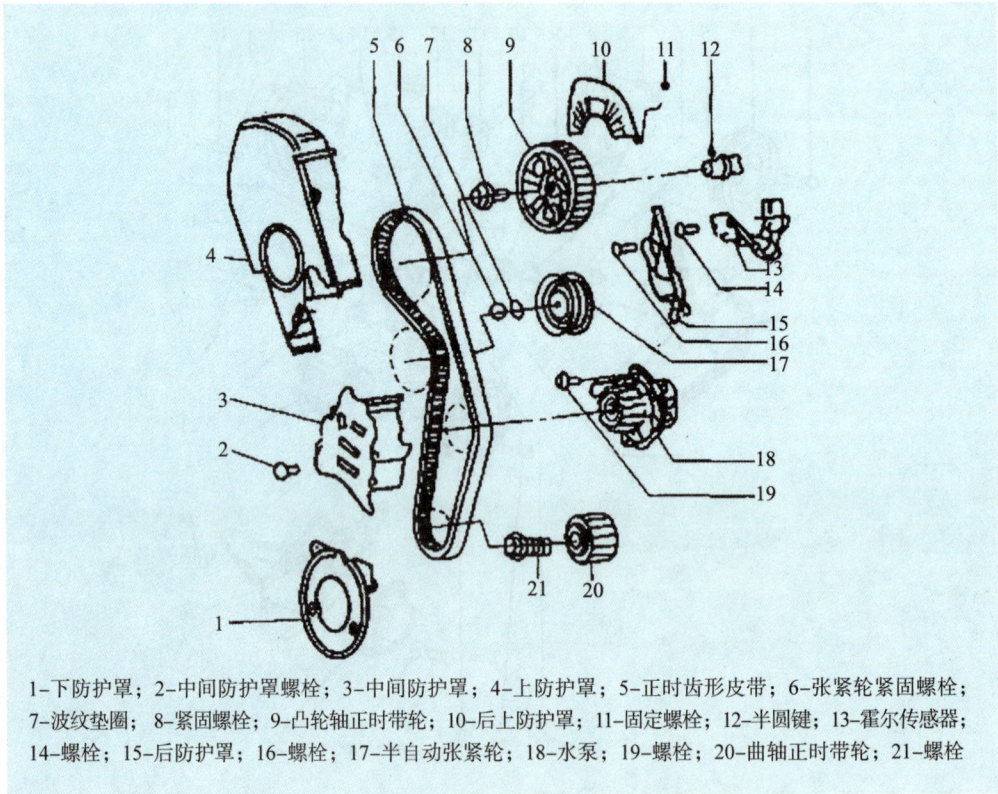

1－下防护罩；2－中间防护罩螺栓；3－中间防护罩；4－上防护罩；5－正时齿形皮带；6－张紧轮紧固螺栓；
7－波纹垫圈；8－紧固螺栓；9－凸轮轴正时带轮；10－后上防护罩；11－固定螺栓；12－半圆键；13－霍尔传感器；
14－螺栓；15－后防护罩；16－螺栓；17－半自动张紧轮；18－水泵；19－螺栓；20－曲轴正时带轮；21－螺栓

图8-48 正时同步带及附件的结构

（1）正时同步带的拆卸。将发动机安装在维修工作台上；拆卸 V 带；将曲轴转到第一缸的上止点位置（见图8-49）；拆卸正时同步带上防护罩；将凸轮轴正时同步带轮上的标记对准正时同步带防护罩上的标记（见图8-50）；拆卸曲轴正时同步带轮；拆卸正时同步带中间及下防护罩；用粉笔等在正时同步带上作好记号，检查磨损情况，不得有扭曲现象；松开半自动张紧轮并拆下正时同步带。

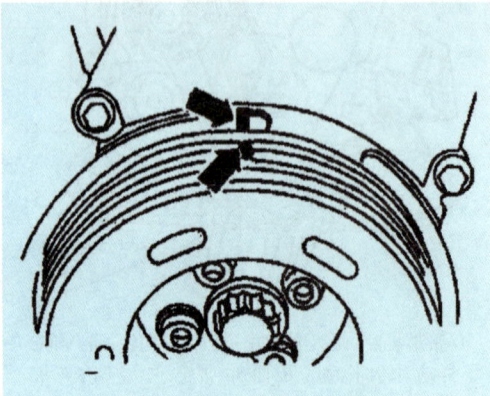

图8-49 第一缸止点位置标记

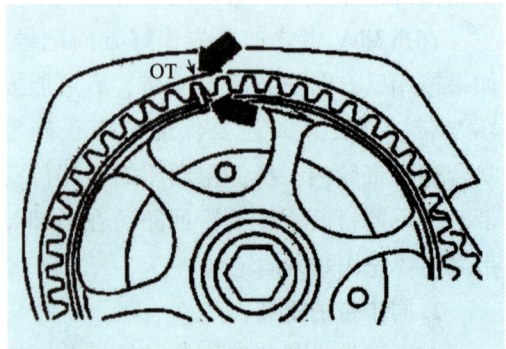

图8-50 凸轮轴带轮与防护罩的标记

（2）正时同步带的安装（调整配气相位）。正时同步带的安装如图8-51所示（拆去上、中防护罩）。凡是进行过与正时同步带防护罩上的标记相关的修理工作后，都要按下述步骤对正时同步带进行调整：

转动凸轮轴，使曲轴不在上止点的位置，以免损坏气门及活塞；将凸轮轴正时同步带轮上的标记对准正时同步带防护罩上的标记；检查曲轴正时同步带轮上止点记号与参考标记是否对准；将正时同步带安装到曲轴正时同步带轮和水泵上，注意安装位置；将正时同步带安装到张紧轮和凸轮轴正时同步带轮上，注意半自动张紧轮的位置，定位块必须嵌入气缸盖上的缺口内（见图8-52）；将半自动张紧轮逆时针转动，直到可以使用专用正时同步带的安装工具为止（见图8-53），松开张紧轮，直到指针1位于缺口2下方约10 mm处，旋紧张紧轮，直到指针1和缺口2重叠，将张紧轮上锁紧螺母以15N·m的力矩拧紧；用手转动曲轴，检查并调整；安装正时同步带下防护罩、曲轴正时同步带轮、正时同步带上部和中间防护罩。

3. 更换凸轮轴油封

（1）使发动机前端位于维修工作台上；拆卸下正时同步带上的防护罩，松开凸轮轴正时同步带轮；转动曲轴将正时同步带轮设定到第一缸上止点标记，此时凸轮轴正时同步带轮上的标记必须对准正时同步带防护罩上的标记，转动曲轴V带轮上的标记到第一缸上止点标记。

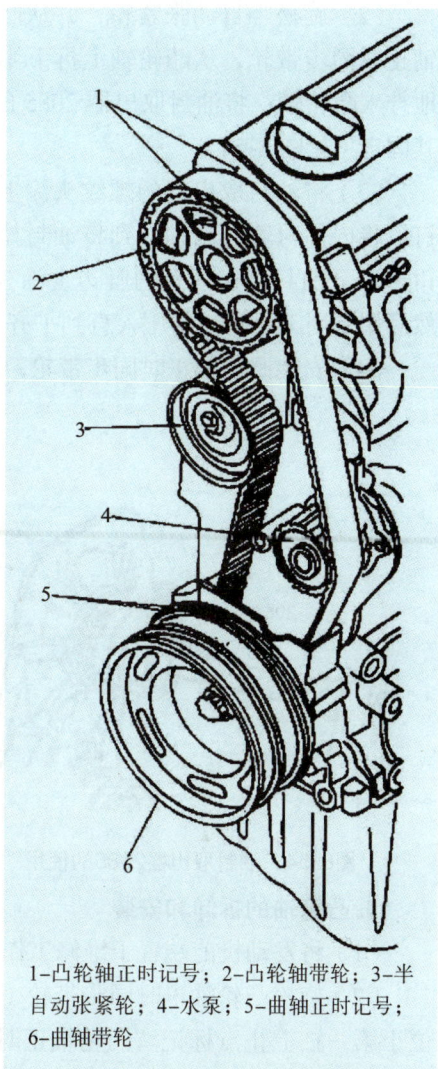

1—凸轮轴正时记号；2—凸轮轴带轮；3—半自动张紧轮；4—水泵；5—曲轴正时记号；6—曲轴带轮

图8-51　正时同步带的安装

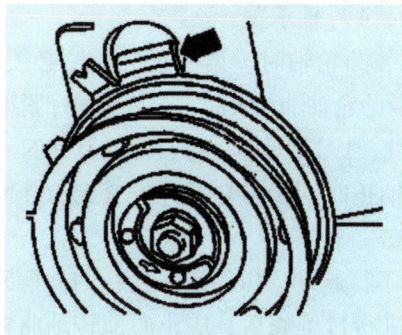

图8-52　定位块位置

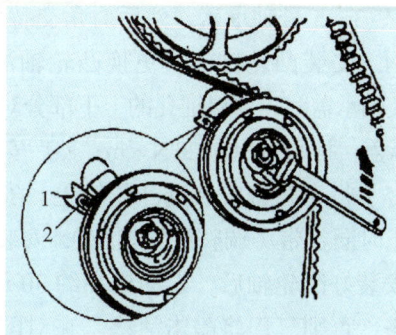

图8-53　张紧轮的安装

（2）旋松半自动张紧轮，并从凸轮轴正时同步带轮上拆下正时同步带；拆下凸轮轴正时同步带轮，从凸轮轴上拆下半圆键；将凸轮轴正时同步带轮固定螺栓尽可能深地拧入凸轮轴；将油封取出器 2085 的内件旋出，直到与外件平齐后，拧紧滚花螺钉将其固定（见图 8-54）。

（3）将油封取出器的螺纹头涂上机油后，尽可能深地旋入到油封中。旋松滚花螺钉，将内件对着凸轮轴直到将油封拉出为止；用台虎钳夹住油封取出器的平面后，用钳子取下油封；在油封的唇边上涂少量润滑油；用专用工具的导向套筒将油封定位，然后用专用工具将油封压入直到平齐（见图 8-55）。

（4）安装凸轮轴正时同步带轮，并将螺栓拧紧到 100N·m；安装正时同步带。

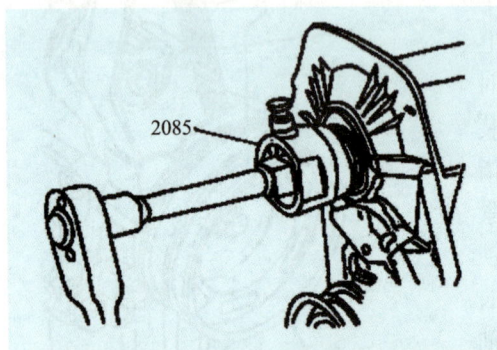

图8-54　油封取出器2085的使用　　　　图8-55　专用工具10-203压入油封

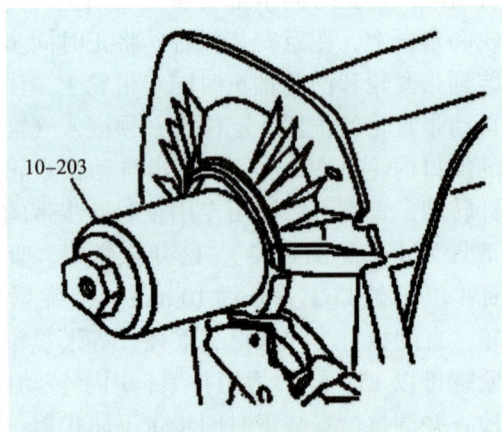

4. 凸轮轴的拆卸和安装

（1）将发动机前端置于维修工作台上，拆下正时同步带上防护罩。

（2）旋松凸轮轴正时同步带轮（固定住凸轮轴），转动曲轴使凸轮轴正时同步带轮位于第一缸上止点标记。凸轮轴正时同步带轮上的标记必须对准正时同步带防护罩上的标记，转动曲轴到第一缸上止点。

松开半自动张紧轮，从凸轮轴正时同步带轮上拆下正时同步带。

（3）拆下气门罩盖，再拆下凸轮轴正时同步带轮，从凸轮轴上拿下半圆键。先拆下第 1、3、5 号轴承盖，然后对角交替松开第 2、4 号轴承盖。

（4）安装凸轮轴前应更换凸轮轴油封。安装凸轮轴时，第一缸的凸轮必须朝上。当安装轴承盖时，要保证孔的上下部分对准。润滑凸轮轴轴承表面，交替对角拧紧第 2、4 号轴承盖，拧紧力矩为 20N·m；然后安装第 5、1、3 号轴承盖，拧紧力矩为 20N·m。

（5）将半圆键安装到凸轮轴上，安装凸轮轴正时同步带轮，并拧紧到 100N·m。安装正时同步带（调整配气相位），安装气门罩盖。

安装好凸轮轴后，发动机在约 30 min 之内不得起动，以便液压挺柱的补偿元件进入状态，否则气门将敲击活塞。在对配气机构进行过维修后，应小心地转动曲轴至少两圈，以防止发动机起动时敲击气门。

任务功能评价（25分）

序号	功能评价	成绩
1	V带轮的装拆是否符合要求	
2	正时同步带的装拆是否符合要求	
3	凸轮轴的装拆是否符合要求	
4	是否按技术要求紧固螺栓	
	分项得分	

任务外观评价（15分）

序号	功能评价	成绩
1	各部件是否完全拆卸	
2	各零件安装是否正确、合理	
3	各零件是否按要求标记，有无损坏或丢失	
	分项得分	

任务过程评价（60分）

序号	项目描述	评分标准	分值	成绩
1	正确选取和使用装拆工、量具	1.工量具选取不正确，每件扣1分； 2.工量具使用不当，每件扣1分	8	
2	拆卸工作流程是否正确	拆卸工作流程不合理，每处扣3分	16	
3	装配工作流程是否正确	装配工作流程不合理，每处扣3分	16	
4	装配调试	1.安装错、漏零件，每处扣2分； 2.零件安装不牢靠、松动，每处扣2分； 3.缺少必要的保护环节，每处扣2分； 4.调试方法不正确，扣2分	12	
5	安全文明生产	1.每违反一次《安全操作规程》，扣2分； 2.环境卫生差，扣2分； 3.造成零部件或工量具损坏，每件扣2分； 4.发生安全事故取消考试资格	8	
总评		分项得分		
		签字：　　　　　　　　　　　　年　月　日		

任务五
汽油发动机燃油供给系统的装拆

工作任务	燃油供给系统的装拆
任务描述	燃油供给系统根据发动机各种不同工况的要求，配制出一定数量和浓度的可燃混合气，供入气缸，使之在临近压缩终了时点火燃烧而膨胀做功，一般由燃油箱、燃油泵、燃油滤清器、燃油脉动衰减器、燃油压力调节器、喷油器及供油总管等组成。 　　本任务主要介绍燃油供给系统的工作原理、结构特点，及其主要零部件间的装配关系，从而使学生较好地掌握配气机构各部件的装拆步骤与流程
使用工具	手锤、橡胶锤、旋具、扳手、手钳、塞尺等发动机装拆专用工具
学习目标	技能点： 1. 了解燃油供给系统的组成； 2. 学会燃油供给系统的拆装； 3. 学会主要传感器的拆装与检测。 知识点： 1. 了解燃油供给系统的组成结构和工作原理； 2. 熟悉燃油供给系统各零件的名称、形状、用途及各零件之间的装配关系

一、电控燃油系统的组成

　　电控燃油系统一般由空气供给系统、燃油供给系统和电子控制系统三大部分组成。从近代汽车电控燃油系统发展来看，日本丰田汽车在此方面起到了举足轻重的作用，而丰田旗下的高端车品牌雷克萨斯又是该公司在电控燃油系统中最全面的体现，采用缸内直喷技术，紧凑质轻，能大幅提升车辆动力输出和燃油效率，所以我们将以雷克萨斯轿车为例分析讲解电控燃油系统。图8-57是LEXUS雷克萨斯轿车燃油供给系统，它由燃油箱、燃油泵、燃油滤清器、燃油脉动衰减器、燃油压力调节器、喷油器及供油总管等组成。

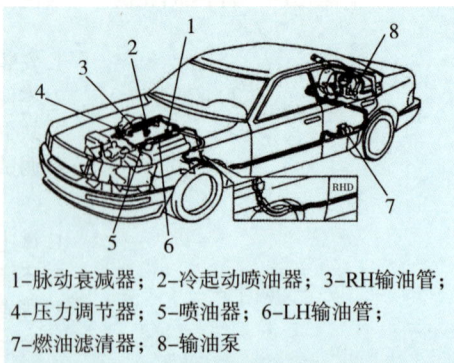

1-脉动衰减器；2-冷起动喷油器；3-RH输油管；
4-压力调节器；5-喷油器；6-LH输油管；
7-燃油滤清器；8-输油泵

图8-56　雷克萨斯轿车燃油供给系统

二、装拆工具准备

　　本任务涉及燃油泵等燃油系统部件的拆卸和装配，需要准备如表8-5所示的工、量具。

表 8-5　使用工量具及用途

序号	工量具	规　格	主要用途
1	手锤 橡胶锤	0.5 磅 1 磅	用于敲击拆卸
2	旋具	一字螺丝刀 十字螺丝刀	用于旋紧或松退螺钉
3	扳手	套装套筒扳手 扭力扳手 0~100 N·m	用于旋紧或松退螺栓、螺母
4	手钳	尖嘴钳	用于夹持零件
5	塞尺	100A14	用于检测装配间隙
6	刮刀	—	用于清洁零件边缘毛刺及零件内壁积碳、油渍

三、操作步骤

1.电动燃油泵的拆装

雷克萨斯轿车电动燃油泵是一个离心转子式电动油泵，其构造如图 8-57 所示。

（1）拆出行李箱地板垫和装饰盖板，然后拔下燃油泵导线连接器。

（2）拆出后座椅坐垫和靠背，在拆出分隔盖板后，取下燃油箱上的燃油泵固定板和燃油泵支架。从支架上脱开燃油软管，然后拆出燃油泵、支架及固定板总泵。

（3）从燃油泵拆下螺母、弹簧垫圈和导线后，卸下燃油泵固定板。

（4）从燃油泵支架拉出燃油泵下端，然后脱开燃油泵上的燃油软管并拆下燃油泵，再从燃油泵上拆下橡胶垫。

（5）脱开夹扣并拉出燃油滤清器。

（6）按分解的相反顺序进行燃油泵的组装。在组装时，必须要用新夹扣安装燃油滤清器，并以 5.4N·m 的扭矩拧紧燃油泵托架的固定螺栓，以 2.9N·m 的扭矩拧紧燃油泵固定板的安装螺栓。

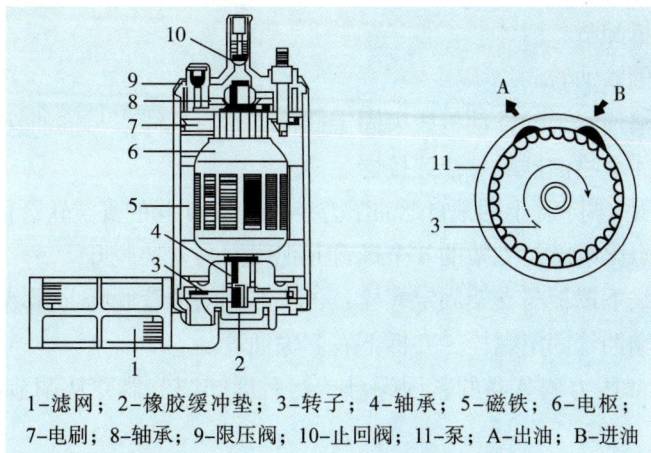

1-滤网；2-橡胶缓冲垫；3-转子；4-轴承；5-磁铁；6-电枢；
7-电刷；8-轴承；9-限压阀；10-止回阀；11-泵；A-出油；B-进油

图8-57　雷克萨斯轿车电动燃油泵结构

2. 燃油压力调节器的拆装

雷克萨斯轿车轿车燃油压力调节器的结构及安装位置，如图8-58所示。其拆卸与安装的顺序和要求如下：

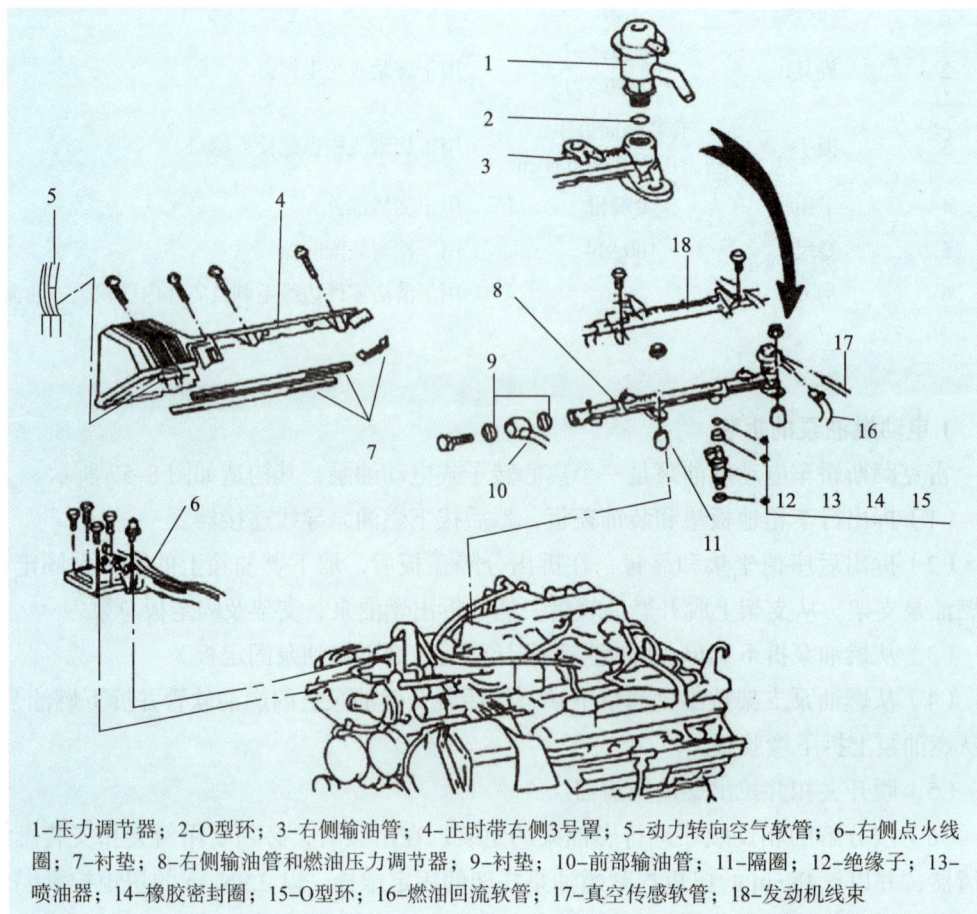

1-压力调节器；2-O型环；3-右侧输油管；4-正时带右侧3号罩；5-动力转向空气软管；6-右侧点火线圈；7-衬垫；8-右侧输油管和燃油压力调节器；9-衬垫；10-前部输油管；11-隔圈；12-绝缘子；13-喷油器；14-橡胶密封圈；15-O型环；16-燃油回流软管；17-真空传感软管；18-发动机线束

图8-58 雷克萨斯轿车轿车拆装燃油压力调节器所需拆卸与安装的零部件

（1）按要求拆卸节气门体。

（2）拆卸右侧输油管。

①卸下右侧输油管上的发动机线束固定螺栓，然后把线束与输油管脱开。

②拔下右侧4个喷油器的导线连接器。

③拆下燃油压力调节器上的来自燃油压力控制的VSV阀的真空软管和燃油回流软管。

④卸下右侧点火线圈与支架的4个螺钉并把线圈与支架脱开。

⑤卸下高压线下罩板与支架固定螺栓，再从右侧输油管脱开前部燃油管。

⑥卸下右侧输油管固定螺栓，并拆下右侧输油管。

（3）卸下燃油压力调节器的紧固螺母，然后拆卸调节器并从调节器上拆下"O"型圈。

（4）按拆卸的相反顺序进行燃油压力调节器的安装。在安装时，要在新"O"型圈上涂一层机油，而且在安装调节器时要逆时针转动并使其达到规定的位置，应符合图8-59所示要求，燃油压力调节器锁紧螺母的拧紧扭矩为29N·m。

3. 空气流量计的拆装

雷克萨斯轿车采用卡门旋涡式空气流量计，其结构如图8-60所示。其拆装过程如下：

（1）拆下蓄电池夹箍盖板和空气滤清器进气口，拆开空气滤清器软管。

（2）拔下空气流量计的导线连接器，松开软管夹箍，然后拆下空气滤清器壳体总成。

（3）从滤清器壳体总成上拆下空气流量计。

（4）检查空气流量计是否损坏，若损坏则更换。

（5）按拆卸的相反顺序进行空气流量计的安装。

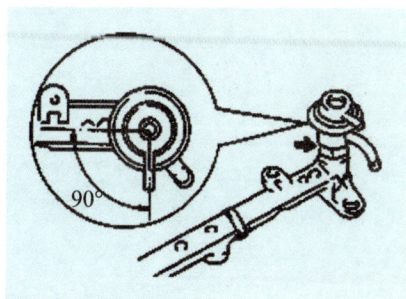

图8-59 雷克萨斯轿车油压调压器安装要求

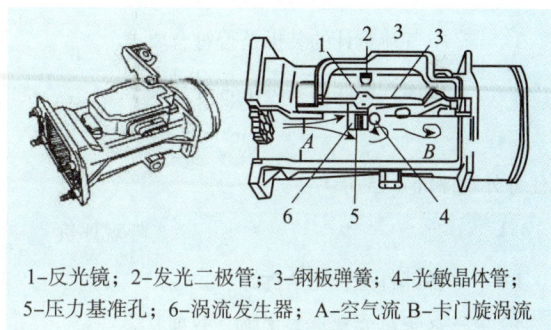

1-反光镜；2-发光二极管；3-钢板弹簧；4-光敏晶体管；
5-压力基准孔；6-涡流发生器；A-空气流 B-卡门旋涡流

图8-60 雷克萨斯轿车卡门旋涡式空气流量计

4. 怠速控制阀（ISC）的拆装

雷克萨斯轿车怠速控制阀的结构和安装位置，如图8-61所示。

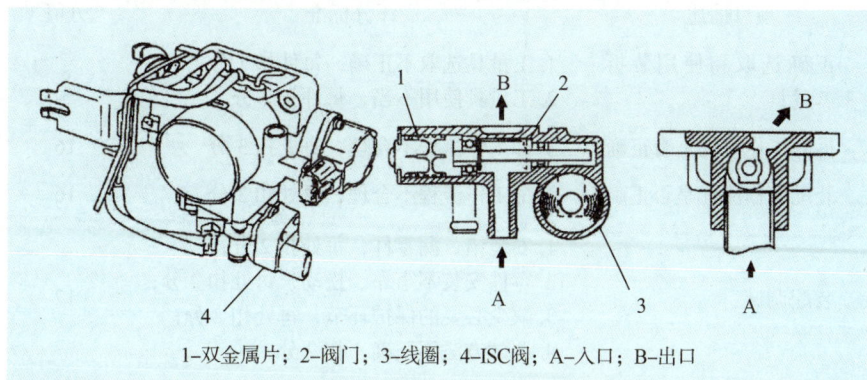

1-双金属片；2-阀门；3-线圈；4-ISC阀；A-入口；B-出口

图8-61 雷克萨斯轿车怠速控制阀

（1）放掉发动机冷却液。

（2）拆下V型排列气门室盖及进气连接管、正时齿带罩和高压线下盖板。

（3）脱开ISC阀上的来自节气门体的冷却液旁通水管和来自EGR阀的冷却液旁通水管（带EGR系统的发动机）。

（4）拔下 ISC 阀上的导线连接器。

（5）拆下 ISC 阀及其衬垫。

（6）检查 ISC 阀是否损坏，若损坏则更换。

（7）按拆卸相反的顺序进行 ISC 阀的安装，并以 18N·m 的扭矩拧紧 ISC 阀。电池负极依 S4 → S3 → S2 → S1 → S4 的顺序相接，ISC 阀应朝打开的位置移动，否则应更换 ISC 阀。

任务功能评价（25分）

序号	功能评价	成绩
1	燃油泵的装拆是否符合要求	
2	压力调节器的装拆是否符合要求	
3	空气流量计的装拆是否符合要求	
4	怠速控制阀的装拆是否符合要求	
分项得分		

任务外观评价（15分）

序号	外观评价	成绩
1	各部件是否完全拆卸	
2	各零件安装是否正确、合理	
3	各零件是否按要求标记，有无损坏或丢失	
分项得分		

任务过程评价（60分）

序号	项目描述	评分标准	分值	成绩
1	正确选取和使用装拆工、量具	1. 工量具选取不正确，每件扣 1 分； 2. 工量具使用不当，每件扣 1 分	8	
2	拆卸工作流程是否正确	拆卸工作流程不合理，每处扣 3 分	16	
3	装配工作流程是否正确	装配工作流程不合理，每处扣 3 分	16	
4	装配调试	1. 安装错、漏零件，每处扣 2 分； 2. 零件安装不牢靠、松动，每处扣 2 分； 3. 缺少必要的保护环节，每处扣 2 分； 4. 调试方法不正确，扣 2 分	12	
5	安全文明生产	1. 每违反一次《安全操作规程》，扣 2 分； 2. 环境卫生差，扣 2 分； 3. 造成零部件或工量具损坏，每件扣 2 分； 4. 发生安全事故取消考试资格	8	
总评	分项得分			
	签字：		年 月 日	

任务六 喷油器的装拆

工作任务	喷油器的装拆
工作任务描述	喷油器是一种加工精度非常高的精密器件，是共轨系统中最关键和最复杂的部件，也是设计、工艺难度最大的部件。通过控制电磁阀的开启和关闭，将高压油轨中的燃油以最佳的喷油定时、喷油量和喷油率喷入燃烧室。一般由喷油嘴、喷油器体以及液压伺服系统（控制活塞、控制量孔等）、电磁阀等组成。 　　本任务主要介绍喷油器的工作原理、结构特点，及其主要零部件间的装配关系，从而使学生较好地掌握配气机构各部件的装拆步骤与流程
使用工具	手锤、橡胶锤、旋具、扳手、手钳、塞尺、喷油器清洗机等发动机装拆专用工具
学习目标	技能点： 1. 掌握喷油器装拆步骤； 2. 能够装拆喷油器； 3. 能清洗喷油器。 知识点： 1. 了解喷油器的组成结构和工作原理； 2. 熟悉喷油器各零件的名称、形状、用途及各零件之间的装配关系

一、认识喷油器

喷油器是一种加工精度非常高的精密器件，要求其动态流量范围大，抗堵塞和抗污染能力强以及雾化性能好。电子控制单元（ECU）通过控制电磁阀的开启和关闭，将高压油轨中的燃油以最佳的喷油定时、喷油量和喷油率喷入燃烧室。

图8-62　喷油器在发动机体中的安装位置

电控喷油器是共轨系统中最关键和最复杂的部件，也是设计、工艺难度最大的部件。其在发动机体中的安装位置如图 8-62 所示。

喷油器一般由喷油嘴、喷油器体以及液压伺服系统（控制活塞、控制量孔等）、电磁阀等组成，其结构见图 8-63 所示。

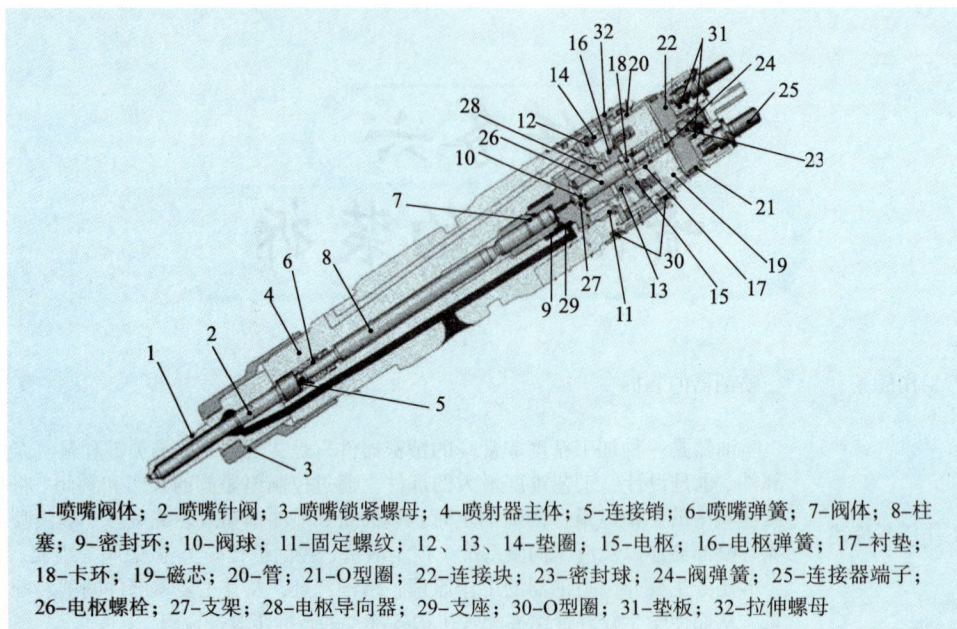

1-喷嘴阀体；2-喷嘴针阀；3-喷嘴锁紧螺母；4-喷射器主体；5-连接销；6-喷嘴弹簧；7-阀体；8-柱塞；9-密封环；10-阀球；11-固定螺纹；12、13、14-垫圈；15-电枢；16-电枢弹簧；17-衬垫；18-卡环；19-磁芯；20-管；21-O型圈；22-连接块；23-密封球；24-阀弹簧；25-连接器端子；26-电枢螺栓；27-支架；28-电枢导向器；29-支座；30-O型圈；31-垫板；32-拉伸螺母

图8-63　喷油器结构

二、拆装工具准备

本任务的实施，需要准备以下工、量具，如表8-6所示。

表8-6　使用工量具及用途

序号	工量具	规　格	主要用途
1	手锤 橡胶锤	0.5磅 1磅	用于敲击拆卸
2	旋具	一字螺丝刀 十字螺丝刀	用于旋紧或松退螺钉
3	扳手	套装套筒扳手 扭力扳手 0~100 N·m	用于旋紧或松退螺栓、螺母
4	手钳	尖嘴钳	用于夹持零件
5	塞尺	100A14	用于检测装配间隙
6	喷油器清洗机	—	清洗
7	刮刀	—	用于清洁零件边缘毛刺及零件内壁积碳、油渍

三、操作步骤

1. 喷油器拆卸

（1）将燃油系统卸压。

（2）从蓄电池负极端断开电缆（见图 8-64）。

（3）拆气缸盖罩（见图 8-65）。

图8-64 断开电缆

图8-65 拆卸气缸盖罩

（4）拆卸发动机线束。拆2根搭铁线（见图8-66）；断开4个喷油器总成连接器（见图8-67）；拆线束支架（见图8-68）。

图8-66 拆搭铁线

图8-67 断开喷油器总成连接器

（5）拆燃油管总成。拆燃油管卡夹、旋下燃油管接头（见图8-69）；拆燃油管2根固定螺栓（见图8-70）；取下螺栓和燃油管总成（见图8-71）。

（6）拆卸喷油器总成。从燃油管总成中拉出4个喷油器总成（见图8-72）；在喷油器上贴上标签，并用塑料袋包装，以免进入杂物（见图8-73）；拆下4个喷油器隔振垫（见图8-74）。

图8-68 拆卸线束支架

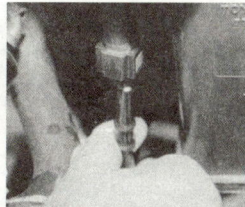

图8-69 拆卸燃油管接头

图8-70 使用棘轮扳手拆卸
燃油管固定螺栓

图8-71 取下燃油管总成

图8-72 取出喷油器总成

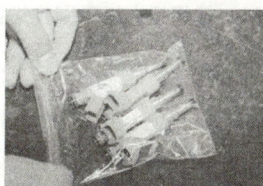

图8-73 保管好喷油器

2. 喷油器安装

（1）安装喷油器总成。将喷油器隔振垫安装到喷油器总成上；在喷油器总成O型圈接触面上涂抹一薄层汽油或锭子油（见图8-75），确保安装喷油器后能够平稳转动；安装4个喷油器总成向左和向右转动喷油器总成（转动平稳），以将其安装到输油管总成上（见图8-76）。

图8-74　拆卸喷油器隔震垫

图8-75　O型圈涂油

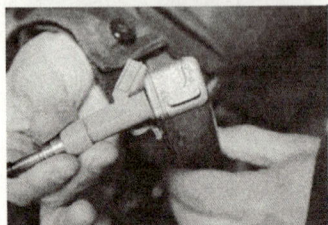
图8-76　喷油器总成安装到输油管总成

图8-77　安装燃油管隔热垫

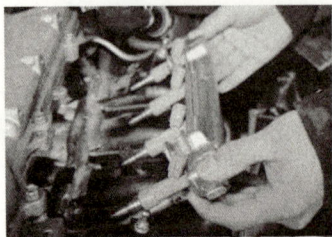
图8-78　安装燃油管总成

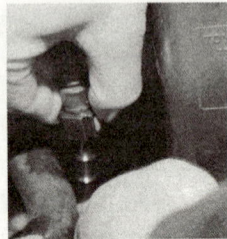
图8-79　安装燃油管接头

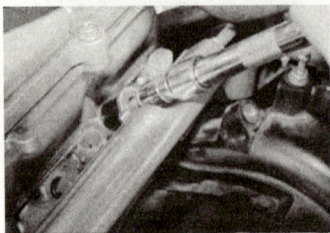
图8-80　使用扭力扳手固定螺栓

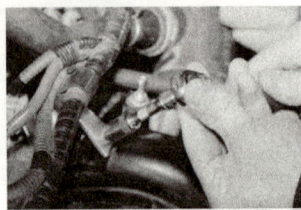
图8-81　固定发动机线束支架

（2）安装燃油管隔垫（见图8-77）。

（3）安装燃油管总成。安装燃油管总成（见图8-78）；安装燃油管接头并装上卡夹（见图8-79）；装上燃油管固定螺栓，螺栓紧固至规定扭矩（见图8-80），一般螺栓拧紧力矩为21N·m；固定发动机线束支架（见图8-81）。

图8-82　连接喷油器总成连接器

图8-83　连接搭铁线

（4）连接发动机线束。连接4个喷油器总成连接器（见图8-82）；连接搭铁线（见图8-83）。

（5）连接曲轴箱通风软管（见图8-84）。

（6）将电缆连接到蓄电池负极端子。

（7）启动发动机，检查燃油是否泄漏。

（8）安装气缸盖罩。

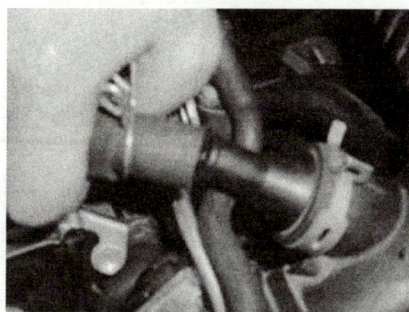

图8-84　连接通风软管

任务功能评价（25分）

序号	功能评价	成绩
1	喷油器总成的装拆是否符合要求	
2	燃油管总成的装拆是否符合要求	
3	是否按技术要求紧固螺栓	
	分项得分	

任务外观评价（15分）

序号	外观评价	成绩
1	各部件是否完全拆卸	
2	各零件安装是否正确、合理	
3	各零件有无损坏或丢失	
	分项得分	

续表

任务过程评价（60分）

序号	项目描述	评分标准	分值	成绩
1	正确选取和使用装拆工、量具	1. 工量具选取不正确，每件扣1分； 2. 工量具使用不当，每件扣1分	8	
2	拆卸工作流程是否正确	拆卸工作流程不合理，每处扣3分	16	
3	装配工作流程是否正确	装配工作流程不合理，每处扣3分	16	
4	装配调试	1. 安装错、漏零件，每处扣2分； 2. 零件安装不牢靠、松动，每处扣2分； 3. 缺少必要的保护环节，每处扣2分； 4. 调试方法不正确，扣2分	12	
5	安全文明生产	1. 每违反一次《安全操作规程》，扣2分； 2. 环境卫生差，扣2分； 3. 造成零部件或工量具损坏，每件扣2分； 4. 发生安全事故取消考试资格	8	
总评	分项得分			
	签字：		年　月　日	

附录　机械装拆安全操作规程

　　安全生产是工厂管理的一项十分重要的内容。它直接影响产品质量的好坏，影响设备和工、夹、量具的使用寿命，影响操作人员技能的发挥。所以从开始学习基本操作技能时，就要养成安全生产的良好习惯。机械拆装过程中的总的安全知识和注意事项具体要求如下：

　　（1）必须接受安全文明生产教育。

　　（2）必须听从教师指挥。

　　（3）动手操作前必须穿好工作服，不允许穿拖鞋或凉鞋进入实训场地，工作服必须整洁、袖口扎紧。女生必须配戴安全帽，不允许戴戒指、手镯。

　　（4）在实训场地不允许说笑打闹，大声喧哗。

　　（5）必须在指定工位上操作，未经允许不得触动其他机械设备。

　　（6）工具必须摆放整齐，贵重物品由专人保管负责。

　　（7）工作前必须检查手用工具是否正常，并按手用工具安全规定操作。

　　（8）操作结束或告一段落，必须检查工具、量具，避免丢失。

　　（9）优化工作环境，创造良好的生产条件。

　　（10）按规定完成设备的维修和保养工作。

　　（11）工作完毕要做到"三清"，即场地清、设备清、工具清。

一、车床装拆安全操作注意事项

　　（1）装拆车床时，首先应了解车床性能、作用及各部分的重要性，按顺序装拆。

　　（2）实训场地要经常保持整洁，通道不准放置物品，废料应及时清除。

　　（3）任何设备（车床）在修理前，首先要切断电源和相联部分（如操作杆、总线上的开关、管道等），并将车床总开关保险拉掉，挂上"有人检修，禁止使用"的警告标志，防止误开车床发生事故。

　　（4）拆卸车床时应注意有弹性的零件，防止这些零件突然弹出伤人，拆卸冲压床应首先放下锤头。

　　（5）车床导轨及油漆表面严禁放工具、量具、刀具、辅助器材及工件。

　　（6）拆卸下的零部件应摆放有序，不得乱丢、乱放，能滚动的零部件应两侧卡死，不让其转动。

　　（7）多人合作操作时，必须动作协调统一，注意安全。机械运转时，人与机械之间必须保持一定的安全距离。

（8）拆装车床时，手脚不得放在或踏在车床的转动部分。

（9）在垂直导轨上拆装走道箱、主轴箱等部件或在其下面工作时，必须将垂直导轨上的部件用吊车吊起，并用木块垫牢，防止这些部件下落伤人。

（10）搬运较重零部件时，必须首先设计好方案，须用起重设备时，不要以人力强制搬动，注意安全保护，做到万无一失。

（11）装拆零件、部件与搬运工件时，要稳妥可靠，以免零部件跌落受损或伤人。

（12）使用电动设备时，必须严格按照电动设备的安全操作规程操作。

（13）使用行灯必须用36 V或36 V以下的安全电压。

（14）使用电钻必须用三芯或四芯定相插座，并保证接地良好。

（15）使用手钻要穿戴绝缘护具。钻孔时应戴上防护镜。

（16）试车用电必须通过专业电工将电线接妥后方可试车。

（17）使用三角吊架时，必须将三只脚用绳子绑住，以免滑倒。

（18）使用电动或手摇吊车时必须按照吊车的安全操作规程进行。

（19）把轴类零件插入车床组合时，禁止用手引导、用手探测或把手插入孔内。

（20）递接工具材料、零件时禁止投掷。

（21）锤击零件时，受击面应垫硬木、紫铜棒或尼龙66棒等材料。

（22）修理受压设备时，应按照受压容器规定进行。使用喷灯时，严格遵守喷灯安全操作规程。

二、汽车装拆安全操作注意事项

（1）进入汽车维修车间工作，须穿着工作服和工作鞋（不准穿拖鞋），学生要求长衫长裤，不得在车间喧哗和玩弄手机，更不能在车间发生吸烟、玩打火机等危及安全的行为。

（2）需用电器设备（如充电机等），要先检查后使用，防止漏电伤人。

（3）汽车是滚动物体，在升降前，须用硬木料垫在前轮之前，后轮之后，堵稳方可升举，用铁凳放平衡支承及放置保险架，严禁用易碎物或砖头支承。

（4）进入汽车底部作业，须敲打硬物、电池液加注、拆卸汽油管、液力制动排气、制冷管拆卸等需戴眼镜，防止沙尘硬物或油液伤眼。

（5）使用千斤顶或升降台时，降下汽车之前，必须检查车底是否有人或障碍物，方可缓慢放下。

（6）各种机具、量具、各精密机件须小心轻放，严格按维修工艺规程进行操作，禁止盲目乱拆、乱卸及随地乱放机件。

（7）正确使用工具，严禁用板手或手锤敲击机件工作面，须敲击时用铜棒之类进行。机件放置要分类、放稳、防止丢失和滑落损坏。

（8）在旋转部位作业要格外小心，手及工具物件放在什么地方都要看清楚。

（9）须启动汽车发动机时，必须确认驻车制动（即手刹）是否拉紧，变速器是否空档或在驻车档（P档）方可启动。

（10）燃料及可燃液体使用时，严禁火源，同时每人都要学会灭火器材使用。凡油料流落地面，需尽快清洁干净。

三、有毒物及易燃品

（1）废气、清洁剂、防冻液、制动液、R12制冷剂。

（2）汽油、柴油、旧机油、酒精等。

参考文献

［1］姚民雄.机械制图［M］.北京：电子工业出版社，2012.

［2］刘京华.机械基础［M］.北京：中国劳动社会保障出版社，2010.

［3］蒋新军，等.装配钳工（高级）［M］.郑州：河南科学技术出版社，2008.

［4］黄志远，王宏伟.装配钳工［M］.北京：化学工业出版社，2007.

［5］王茂元.机械制造技术［M］.北京：机械工业出版社，2001.

［6］杨海鹏.模具拆装与测绘［M］.北京：清华大学出版社，2009.

［7］何存兴.液压元件［M］.北京：机械工业出版社，1982.

［8］丁树模，姚如一.液压传动［M］.北京：机械工业出版社，1992.

［9］薛祖德.液压传动［M］.北京：中央广播电视大学出版社，1984.

［10］赵家礼.电动机修理手册［M］.北京：机械工业出版社，2008.

［11］盛占石.电动机检修［M］.北京：化学工业出版社，2008.

［12］田景亮，等.车床维修教程［M］.北京：化学工业出版社，2008.

［13］徐兆丰.车工工艺学［M］.北京：劳动人事出版社，1990.

［14］仇雅莉，钱锦武.汽车发动机构造与维修［M］.北京：机械工业出版社，2008.

［15］姚科业.图解大众汽车发动机拆装与维修［M］.北京：化学工业出版社，2012.

［16］王子媛.零部件测绘实训［M］.广州：华南理工大学出版社，2009.

［17］龚雯.机械制造技术［M］.北京：高等教育出版社，2008.

［18］石固欧.机械设计基础［M］.北京：高等教育出版社，2003.